泣けるいきもの図鑑

監修 今泉忠明

はじめに

泣くことはいいことなの？

悲しみやよろこびなどの感情によってなみだを流す生き物は、人間だけだといわれます。けれども、なぜ感きわまると泣いてしまうのでしょう。最近の脳の研究でもよくわかっていません。

とはいえ、なみだを流した後は気持ちがスッキリするのはみんな感じているはずです。なぜスッキリするのでしょうか……。

1980年代、アメリカのセントポール・ラムゼイ・メディカルセンターのウィリアム・フレイ博士は、「ストレスのせいで生じた化学物質が、なみだの中にとけて流れ去るのではないか」という仮説を立てました。

博士は、実験の協力者に泣ける映画を見せ、なみだをたくさ

ん集めました。感情的ななみだには、脳内で作られた化学成分が、比較的高い濃度でふくまれていたというのです。しかし、今ではこの説は否定されています。

よろこびも悲しみも脳にとっては一種のストレスだという、東邦大学の有田教授は、「社会生活を送るなかで、人間はなみだを流すというストレスの解消法を身につけたのではないか」と考えています。感情をおさえこむばかりではなく、心がゆさぶられたときにはたくさん泣いてみることも必要なのでしょう。

今泉忠明

もくじ

Chapter 3
第3章

泣ける恐竜・古生物

Chapter 4
第4章
泣ける植物
植物のくらしも実は大変！

Chapter 4
第5章

泣ける冒険記録

泣ける実話

Chapter 1

第1章

【泣ける日常】

不器用ながら、きびしい世界で毎日を生きる生き物を紹介します。

野生動物は毎日生きるのが大変

野生の動物は、ふだんは毎日食べ物をさがして動きまわっています。出くわすもので食べられるものは、すべて食べます。

暑い日や寒い日も、しばらくはかくれて休みますが、たえられないほど空腹になれば、食べ物をさがしに出ます。少しくさった肉、木の皮などはふだん食べなくても、そんなときにはかじったりしてみます。強いてきに出くわせば、力をふりしぼってたたかったりにげだしたりして、何も食べられないことがよくあります。

毎日がしんけんですから、おいしい食べ物を見つけると、おなかの皮がやぶれそうになるほど一気に食べ、のこると土をかけたりして保存し、翌日また食べにきます。その場所をよくおぼえていて、食べ物が見つからない日には、その場所にまたあるかもしれないと、チェックしにいくこともあります。

しかし、野生動物は不安になったり、それがつらいことだとは思っていないようです。人間のように遠い先まで予測することができないからです。

あるがままに、自然界の一員としてたんたんと生きぬいていきます。てきしたものが生きのこるしかないからです。

今泉忠明

鳥なのに、25m助走しないととべません。

泣ける指数

フラミンゴ

- 名前：ヨーロッパフラミンゴ
- 分類：鳥類フラミンゴ目
- 分布：ヨーロッパ南部、アフリカ、アジア南西部
- 大きさ：全長145cm

動物園でフラミンゴのおりを見ると、まわりはネットやさくにかこまれているのに、天じょうはおおわれていません。それなのに、どうして空をとんでにげないのでしょう。ダチョウのように、とべないのでしょうか。

いいえ。フラミンゴは空をとべます。ただし、とびたつには25m以上の助走が必要なのです。ふつう、動物園のおりは、25mよりもせまいため助走をつけられません。また、動物園では羽の一部を切って、にげだせないようにしています。

おとなになるまで150年もかかります。☆☆★

泣ける指数

ニシオンデンザメ

- 名前：ニシオンデンザメ
- 分類：軟骨魚類ツノザメ目
- 分布：北大西洋の水深10～2000m
- 大きさ：全長2～7m

北極海の深海には、ニシオンデンザメという、とても長生きのサメがいます。平均寿命は270年以上といわれ、なかには400年近く生きるものも。

でも、寿命が長いぶん、成長はとてもゆっくりです。全長は5m以上になりますが、1年に数cmほどしか大きくなりません。おとなになるまで、なんと150年もかかるのです。

おそいのは成長だけではありません。泳ぐスピードはわずか時速1kmほど。そのため、「世界一のろい魚」といわれています。

ずっといっしょだった菌にころされました。

泣ける指数 💧💧💧

サイガ

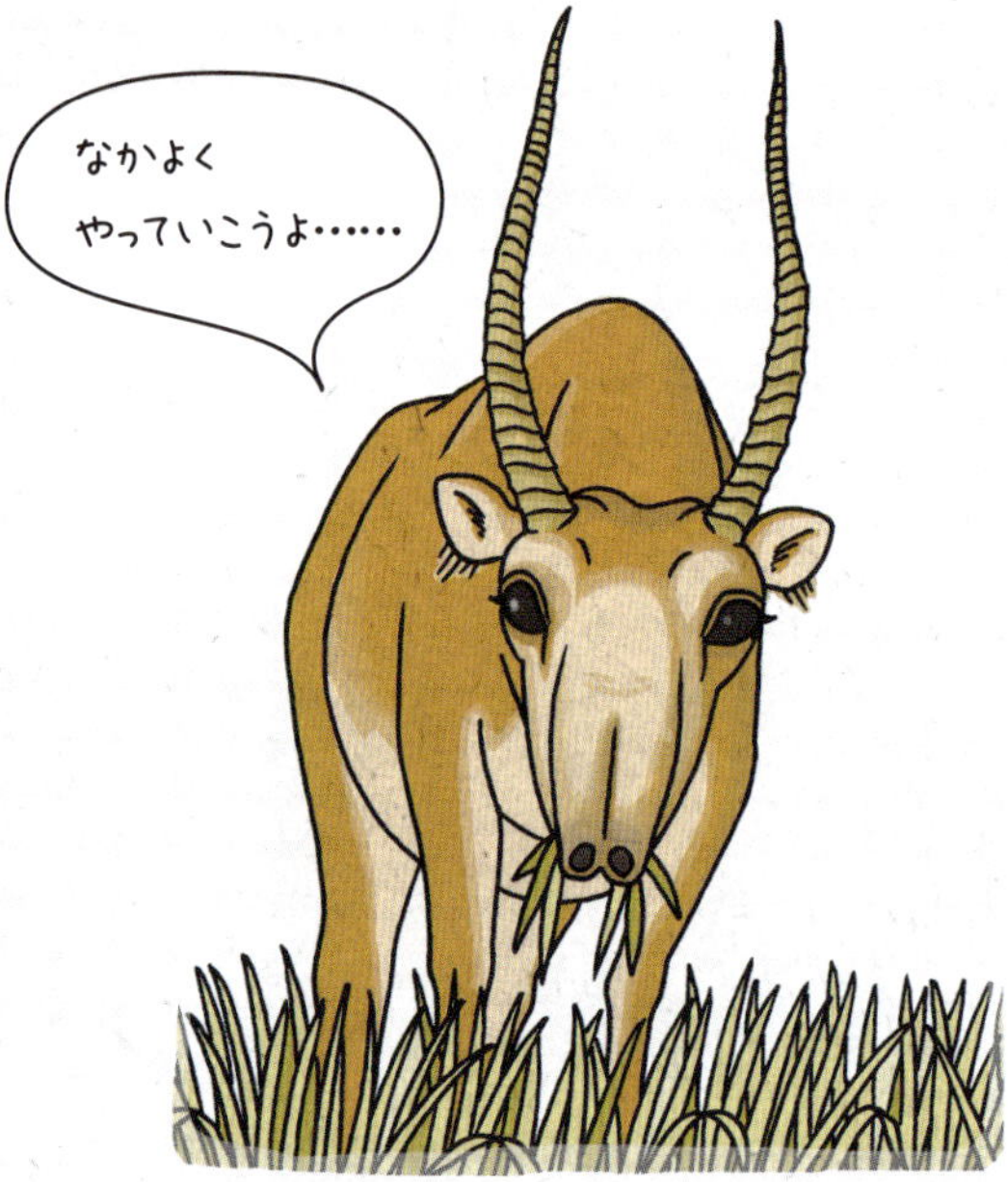

名前：サイガ
分類：ほ乳類ウシ目
分布：中央アジア
大きさ：体長108～146cm

サイガは、つめたい空気を温め、しめらせる役目をしているといわれます。このサイガにひげきがおきたのは2015年のこと。生息数の半数以上にあたる20万頭が死んだのです。

その年、サイガがくらす地域は、異常気象でいつもより高温多湿になりました。そのためパスツレラ菌が大増殖し、命をうばう病気を起こしたのです。実はこの細菌は、サイガが生まれたときから鼻の中にいる菌です。それが、気候のへんかによって大量死を引きおこしたのです。

丸飲みしたら、息ができなくなりました。

泣ける指数 💧💧

イルカ

名前：ミナミハンドウイルカ
分類：ほ乳類クジラ目
分布：インド洋など温暖な海の沿岸
大きさ：全長2〜3m

イルカにとって、タコは栄養豊富ですが、かんたんには食べられないえもの。あしの吸盤で強くすいついてくるからです。そこで、イルカはタコを海面から空中に放りあげたり、口にくわえてふりまわしたりして、弱らせてから食べます。

しかし、その手間をかけず、パクッと飲みこんだイルカがいました。その結果、タコのあしがのどにはりつき、こきゅうができなくなって死にました。よほどおなかをすかせていたのかもしれませんが、やるべきことをおこたってはいけませんね。

ニホンザル

おすはおとなになると温泉に入りません。

- 名前：ニホンザル
- 分類：ほ乳類サル目
- 分布：本州、四国、九州
- 大きさ：体長47〜61cm

冬、雪がつもる山おくで、ニホンザルが気持ちよさそうに温泉につかるすがたを、テレビや本で見たことがある人は多いでしょう。

でも、日本各地のニホンザルがみな温泉に入るわけではありません。長野県の地獄谷野猿公苑のサルだけなのです。

50年ほど前、ここの温泉にリンゴをなげ入れて餌づけしたことにより、サルは温泉に入るよ

うになったと考えられています。
しかし、おとなのおすはつられませんでした。好奇心が強い子ザルとちがい、新しい行動をとることが苦手だからです。これは、子ザルのころに温泉に入っていたおすも同じで、おとなになると入らなくなります。
ちなみに、おとなのめすは温泉に入ります。それどころか、最近の研究では、寒さによるストレスを温泉で温まって軽くしていることがわかりました。
おすも新しいことを受け入れて、温泉でゆっくりできればいいのに……。

世界最長寿だったのに、冷凍されました。

泣ける指数

アイスランドガイ

名前：アイスランドガイ
分類：二枚貝類マルスダレガイ目
分布：北大西洋沿岸
大きさ：殻長5cm

あたし、もっと
生きられました……

アイスランドの海には、長生きで知られるアイスランドガイという二枚貝がいます。

この貝を使って、過去1000年の気候がどうかわったのか調べるため、約200こが採取され、冷凍されて研究室に運ばれました。

すると、その中のひとつが、507歳だということがわかりました。これまで知られている動物のなかで、最長寿だったのです。しかし、そうわかったときには、この貝は冷凍されていたので、すでに死んでいたのでした。

泣ける指数 💧💧

クロヤマアリ

名前：クロヤマアリ
分類：昆虫類ハチ目
分布：北海道～九州
大きさ：体長5～6㎜

サムライアリに一生コキ使われます。

今日もおにのような
いそがしさだわ

クロヤマアリは、サムライアリの〝奴隷がり〟にあいます。巣にいた成虫のクロヤマアリたちはころされ、幼虫やさなぎはサムライアリの巣に運ばれ、奴隷として育てられるのです。サムライアリの食べ物をとってきたり、女王アリの世話をしたり、巣をそうじしたりと、何でもやらされます。奴隷がりでつれてこられた幼虫を育てるのも、クロヤマアリです。

しかも、奴隷となったクロヤマアリは、サムライアリがべつのアリだとは気がつかずに、一生を終えるのです。

うんこをまきちらして たたかいます。

泣ける指数

ノハラツグミ

名前：ノハラツグミ
分類：鳥類スズメ目
分布：ユーラシア大陸西部〜中央部
大きさ：全長25㎝

ノハラツグミは、巣で育てているたまごやひなを、カラスなどのてきから守ります。そのための武器は、うんこ！

カラスが巣に近づこうものなら、ノハラツグミはなかまと協力して、カラスめがけて、たくさんのうんこをあびせるのです。カラスは、羽がよごれるととべなくなるため、あわててにげだしてしまいます。

ただし、イタチなどの場合は、羽をもたないため、じまんのうんこ攻撃は通用しません。巣がおそわれないように、注意をそらそうとします。

分類されたらひとりでした。

泣ける指数

ツチブタ

- 名前：ツチブタ
- 分類：ほ乳類ツチブタ目
- 分布：アフリカ（サハラより南）
- 大きさ：体長100〜158cm

ブタのような形の鼻先と、土をほることからその名前がつきましたが、ブタのなかまではありません。では、何の動物のなかまなのでしょう。

そのすがたをよく見ると、耳はウサギのようで、尾はカンガルー、からだは小さなクマににています。また、アリクイのように長いしたでシロアリをなめとって食べます。しかし、どの動物のなかまでもありません。

実はツチブタ目では、現在生きているなかまはツチブタのみ。たった1種のさみしく孤独な動物なのです。

泣ける指数

ジャイアントパンダ

ふたごが生まれても1頭しか育てられません。

- 名前：ジャイアントパンダ
- 分類：ほ乳類ネコ目
- 分布：中国
- 大きさ：体長120〜150cm

ジャイアントパンダのめすは、2年に1度出産します。たいてい1度の出産で1頭の赤ちゃんをうみますが、ときにふたごが生まれることがあります。この場合、母親は、元気がよくて大きいほうの赤ちゃんだけを育てます。

もう1頭の赤ちゃんはどうなってしまうのかといえば……母乳もあたえられず、死んでしまいます。

これは母親がわるいわけではありません。もともとパンダは、赤ちゃん1頭分しか乳が出ないのです。だから結果的に、生きのこる確率が高い、元気のいいほうに乳をあたえて育てるのです。

ただし、動物園などでは、母親が赤ちゃんに乳をあたえている間、飼育員がもう1頭の赤ちゃんの世話をします。そしてタイミングをはかり、すりかえながら育てます。ふたごがあるていど大きくなると、母親はようやく、2頭の世話をするようになります。

泣ける指数

カヤネズミ

- 名前：カヤネズミ
- 分類：ほ乳類ネズミ目
- 分布：アジア、ヨーロッパ、日本
- 大きさ：体長5.5〜7.5㎝

食べ物がなくなると、お母さんがいなくなります。

カヤネズミは、山地や河原の草原でくらす、日本最小のネズミです。名前の由来は、カヤなどの葉を使い、高さ1mくらいのところに鳥の巣のような丸い巣を作ることから。

めすはこの巣で子をうみ大切に育てます。しかし、子育て中に食べ物が手に入らないと、子をおいてどこかへ行ってしまうのです。

ちなみに、カヤネズミの食べ物は野草の種や昆虫ですが、むかしはイネを食べる害獣とまちがわれ、駆除されることも少なくありませんでした。

命をかけて年をとっためすを口説きます。

泣ける指数

ハイイロゴケグモ

- 名前：ハイイロゴケグモ
- 分類：クモ類クモ目
- 分布：中央・南アメリカ、日本
- 大きさ：体長2.5～10㎜

ハイイロゴケグモのおすは、交尾の相手に、年をとっためすをよくえらびます。めすの気を引くため、長いときには6時間もかけ、ようやく交尾します。そのあとはだいたい、めすに食べられてしまいます。

しかし、わかいめすが相手の場合、おすは一生懸命プロポーズしなくても交尾ができ、食べられることもほぼありません。

わかいめすをえらべば、生きのびられ、ほかのめすとも子孫をのこせるのに、なぜ年をとっためすをえらぶのか……その理由はよくわかっていません。

ずーっと土の中でくらします。

泣ける指数

ブパティインドハナガエル

- 名前：ブパティインドハナガエル
- 分類：両生類無尾目
- 分布：インド南西部
- 大きさ：体長53～90㎜

ブパティインドハナガエルは、ブタのような鼻に、ぼってりしたからだという、奇妙なすがたをしています。

しかも、生活場所もかわっていて、一生のほとんどを、土の中でくらします。土の中のアリやシロアリを食べるので、地上に出ることはほぼありません。

ただし、交尾の時期だけは地上に出ます。そして、たまごをうむと、土の中に帰っていきます。たまごからかえったオタマジャクシは、池などでくらします。このカエルが地上で長くくらすのは、この時期だけです。

むれのためにぎせいになります。

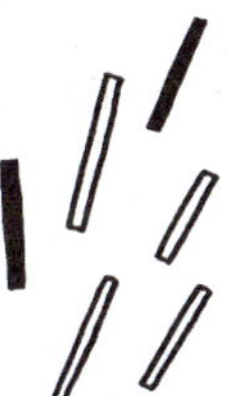

イワシ

◆名前：カタクチイワシ
◆分類：硬骨魚類ニシン目
◆分布：太平洋西部
◆大きさ：全長15cm

イワシは、数百～数千尾のむれをつくり、同じ向きに泳ぎます。小さく弱い魚ですが、むれだと全体で大きな生き物に見えるらしく、てきにおそわれにくくなります。また、むれにはもうひとつ理由があります。1尾だと、てきに見つかればあっさり食べられてしまいますが、むれなら、だれかが食べられても、ほかのなかまは助かります。少ないぎせいで多くのなかまが生きのびられるのです。

ちなみに、むれにリーダーはいません。先頭を泳ぐイワシは、たまたまそこにいるだけです。

泣ける指数

アザラシ

生まれて2週間でお母さんがいなくなります。

さよなら～

名前：ゴマフアザラシ
分類：ほ乳類ネコ目
分布：太平洋北西部
大きさ：全長150～170cm（おす）

ゴマフアザラシは、冬から春の始まりごろにかけ、流氷がうかぶ海で、赤ちゃんをうみます。赤ちゃんは白いふわふわとした産毛につつまれ、とてもかわいらしいすがたをしています。でも、それは2、3週間だけ。ぐんぐん大きくなり、産毛がぬけて、おとなとかわらないすがたになります。

そして、母親が赤ちゃんの世話をするのもその期間だけです。

母親は子どもの前から、いなくなってしまうのです。

　これは、かわいくなくなるから、めんどうを見なくなる……というわけでは、ありません。

　春がくると、流氷がとけます。それまでに子どもは、自分の力で泳いで魚をとれるようにならないといけません。いつまでも母親にあまえていたら、おぼれたり、うえたりして、生きていくことができなくなるからです。だから母親は、あえてそばからはなれていくのでしょう。とてもきびしい教育方法ですが、これも子どものためなのです。

泣ける指数

クマムシ

意外とすぐ死にます。

- 名前：オニクマムシ
- 分類：真クマムシ類遠爪目
- 分布：世界各地
- 大きさ：最大0.7㎜

クマムシは、こけのなかなどに見られる小さな生き物ですが、地球上で最強の生物として有名です。

なぜなら、生命力が超強力だからです。100℃の気温からマイナス270℃の寒さ、空気や食べ物のない場所など、ほかの生き物なら死んでしまうような環境でも、からだをたるのようにちぢめ休眠状態になると、生きのこることができるのです。

ただし、ふだんはすんでいる水がよごれただけで死にます。また、寿命は長くても1年ほどしかありません。

アカウミガメには どくがききません。

泣ける指数

キロネックス

名前：キロネックス（オーストラリアウンバチクラゲ）
分類：箱虫類ネッタイアンドンクラゲ目
分布：インド洋南部～オーストラリア西方近海
大きさ：傘の高さ30～50cm

海の生き物の中で、もっとも強力などくを持つといわれているキロネックス。長さ3mほどの触手から小さなどくばりをつきさし、えものをとらえて食べます。

そのどくは、小魚なら一瞬で命をうばえるほど。さされてなくなった人もたくさんいます。助かっても、いたいたしいきずが一生のこります。

ところが、このおそろしいどくは、なぜかアカウミガメにはききません。そのため、アカウミガメに見つかると、あっさり食べられてしまいます。

年をとるときけんな仕事をさせられます。

シロアリ

◆名前：ヤマトシロアリ
◆分類：昆虫類ゴキブリ目
◆分布：日本全土、朝鮮半島南部
◆大きさ：体長4・5～7㎜（はたらきアリ）

ヤマトシロアリのはたらきアリの一部は、初夏に兵隊アリになり、巣を守ります。この兵隊アリについて、おもしろいことがわかりました。

わかい兵隊アリは、巣のおくで女王アリや王アリを守ります。ところが、年をとると、巣の入り口でてきの侵入をふせぐ仕事につくのです。

巣の入り口は、おくよりも死ぬきけん性が高まります。つまり、余命が短い年よりほど、死ぬきけんのある仕事につくことで、余命が長い若者が死なないようになっているのです。

泣ける指数 💧💧💧

イイダコ

命がけの子育てが終わると死にます。★☆

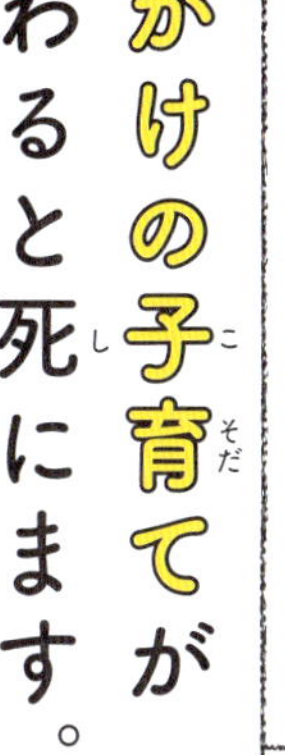

名前：イイダコ
分類：頭足類タコ目
分布：北海道〜九州、韓国、中国
大きさ：体長20cm

タコのなかでも、からだが小さなイイダコ。大型肉食魚などにねらわれやすく、貝がらなどをかくれ家にすることがあります。めすは、春になるとたまごを貝がらにうみつけます。その数はおよそ500こ。たまごがかえるまで、だいたい2か月かかります。

その間、めすは何も食べずに、ずっとたまごの世話をし、おそってくるてきからたまごを守りつづけます。そして、たまごがかえり泳ぎだすころには、めすは命がけの子育てを終え、死んでしまうのです。

泣ける指数 💧💧

アイアイ

こわい見た目のせいで苦労しました。

- 名前：アイアイ
- 分類：ほ乳類サル目
- 分布：アフリカ（マダガスカル）
- 大きさ：体長36〜44cm

マダガスカルにすむサル、アイアイは、絶滅が心配されている生き物の一種です。それは、ギョロリとした黄色い目、大きな耳、細長いほねばった中指というすがたのせい。見た目がこわく、夜に行動するため、現地では「悪魔のつかい」といわれています。その中指で指をさされた人は死ぬという、でたらめな言い伝えもあり、どんどんころされました。

しかし、本当はおとなしい動物です。長い指も、くだものの中身をかきだしたり、木のあなの中の虫をひきずりだして食べるために使うだけなのに……とんだごかいをうけたものです。

見た目が9割って
ほんとよね

コオイムシ

子育て中はてきがいても
にげられません。

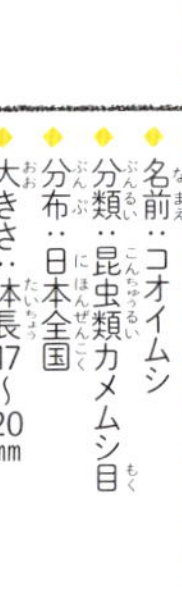

- 名前：コオイムシ
- 分類：昆虫類カメムシ目
- 分布：日本全国
- 大きさ：体長17～20mm

コオイムシは、水田や沼などのあさい水辺にくらすカメムシのなかまです。昆虫ではめずらしく、親がたまごの世話をします。毎年4～8月ごろ、めすがおすのせなかにたまごをうみつけ、おすはたまごをせおったまま育てます。

しかし、その子育てはきけんがいっぱい。せなかにたまごがあるので、サギなどのてきにおそわれても、とんでにげることができません。また、ほかのおすに、たまごを食べられてしまうこともあります。イクメンもなかなか大変です。

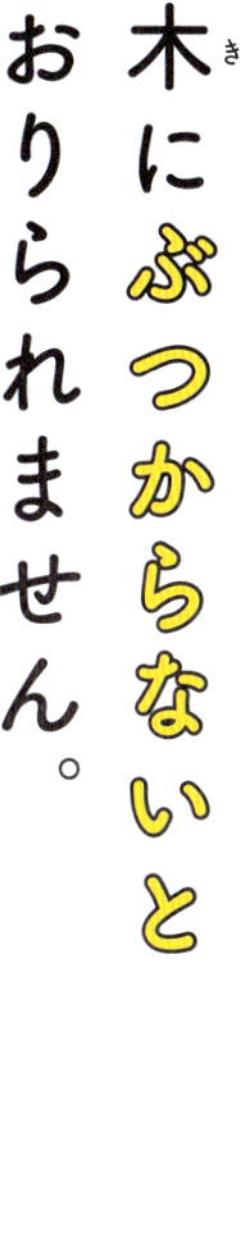

木にぶつからないとおりられません。

- 名前：オオミズナギドリ
- 分類：鳥類ミズナギドリ目
- 分布：中国、韓国、日本
- 大きさ：全長48cm

オオミズナギドリは、つばさを広げると約120cmほどになります。この大きなつばさでグライダーのように風を受けたり羽ばたいたりして、ゆったりと海の上を1日中とびつづけることができます。

ところが、地上からとびたつのが大の苦手。そのため、あしのつめを使って高い木にのぼり、そこから落ちないととびたてません。また、着地も下手です。ねらった場所におりられないので、木のえだをクッションにして、そこにぶつかりながらおりることがあります。

泣ける実話

1 少女をすくった老犬

行方不明になった3歳の少女

イヌは人間の最良の友だち。そんな言葉があります。これを証明するような事件がオーストラリアで起きました。

2018年4月20日の午後3時ごろ、クイーンズランド州のチェリー・ガリーという町で、オーロラちゃんという3歳の女の子が行方不明になりました。

チェリー・ガリーは周囲を山にかこまれた土地で、森林地帯も少なくありません。きちんとしたそうびがなければ、大人でもまよったらきけんな場所です。おそらく、オーロラ

1 少女をすくった老犬

ちゃんはひとりで遊んでいてむちゅうになり、家から遠ざかってしまったのでしょう。

家族や近所の人たちが集まってオーロラちゃんを必死にさがしましたが、一向に見つかりません。州緊急サービスの人たちもくわわり、100人以上によってそうさくが行われました。

オーロラちゃんと消えたマックス

自分もそうさく活動にくわわっていたオーロラちゃんのおばあちゃんは、かいイヌのマックスがいないことに気づきました。家の周りをいくらさがしても見つかりません。

「ひょっとしたら、マックスはオーロラといっしょにいるのかもしれない……」

おばあちゃんのかんが当たっていたことがわかったのは、もう少し後のことです。

オーロラちゃんがいなくなってから約17時間後の翌朝8時ごろ。そうさくに参加していた人の前に、マックスがすがたを見せました。マックスはその人をそのままオーロラちゃんのところにつれていったそうです。

見つかったのは、家から2㎞もはなれた森の中でした。どんどん森に近づいていくオーロラちゃんを見ていたマックスができるのは、ただ後についていくことだけだったのかもしれません。

マックスがいなければ、オーロラちゃんにさいあくの事態が起きていた可能性もあったはずです。

少女をはげまし守りぬいた老犬

おどろくべき事実があります。マックスは耳が聞こえず、目もよく見えません。それに、もう17歳というおじいさん犬です。

それでも、自分より弱いオーロラちゃんを必死になって守ろうとしたのでしょう。オーロラちゃんには目立ったけがもなく、ところどころにすりきずがあるだけでした。そしてすりきずがあるところには、マックスがなめたあとがあったそうです。

発見された日の気温は午前9時で14℃でしたが、雨がふっていたので、長時間何も食べていなかったオーロ

ラちゃんの体はひえきっていたと考えられます。そんななか、マックスは、オーロラちゃんに一晩中よりそい、温めつづけたのです。

マックスが名誉警察犬に

この事件は、クイーンズランド州警察のフェイスブックページでも紹介され、マックスには名誉警察犬の称号があたえられました。

イヌは人間の感情を理解するといわれています。人の命をすくうようなかつやくをすることもよくあります。森の中でまよって心細かったオーロラちゃんの気持ちをさっしたマックスは、自分ががんばらなければならないと思い、必死にオーロラちゃんによりそって守り、助けを待っていたのではないでしょうか。

泣ける実話 2 もうどうネコ

引き取られたターフェル

イギリスの北ウェールズのホーリーヘッドに住むジュディ・ゴッドフライ・ブラウンさんは、ある日、友だちから相談を受けました。

この人がかっているターフェルという名前のイヌをもらってほしいというのです。引っこし先のアパートがペット禁止で、手放さざるをえなくなったそうです。動物が大好きなジュディさんは、よろこんで引きとることにしました。その日から、ターフェルとジュディさんの生活が始まりました。

目が見えなくなりベッドですごす毎日

しかし、しばらくしてターフェルが白内障を発症し、あっという間に悪化して完全に目が見えなくなってしまいました。家の中でもかべにぶつかったりすることが多くなり、あまり歩かなくなりました。とうとう、1日の大半をベッドですごすようになってしまったのです。

玄関に立っていた1匹のネコ

ちょうどそのころ、1匹ののらネコが家のまわりをうろつくようになりました。ジュディさんが「プディ

タット」という名前をつけ、えさをやるようになると、毎日のようにすがたを見せるようになったそうです。

そしてある夜、きせきが起きました。「プディタットが玄関の前でじっと立っていました。そして、まるで〝この家で私をかってください〟と言っているように鳴いたのです。ドアを大きく開いて家の中に入れてやると、まっすぐターフェルがねているバスケットに向かっていきました」

きせきを起こしたプディタット

プディタットは新しい環境にすぐ

になれただけではなく、翌日からターフェルのベッドのそばでねむるようになりました。動物特有のかんで・・ターフェルの目が見えないことを感じとったのかもしれません。

しばらくすると、前足の肉球でターフェルのからだをやさしくおし、ベッドから出して、庭までつれていくようになりました。

いつもいっしょ なかよしなふたり

ジュディさんはこう語ります。

「プディタットは、家に来てすぐにターフェルの目が見えないことを理解したようです。前足の肉球を器用

に使っていろいろしてくれます。何をするにもいっしょで、同じベッドでねむっています」

ターフェルとプディタットのすがたは、まるで映画のワンシーンのようです。

ジュディさんは語ります。

「ターフェルとプディタットは親友以上の関係なのです。いっしょにくらしていると、本当におたがいが大好きなことがわかります」

そう。一心同体なのです。プディタットは、こうしてターフェルせんぞくのもうどうネコとして日々をすごすようになりました。

家の中でも、庭に出てもいつもそばにいて、ターフェルが転んだり何かにぶつかったりしないよう見守っています。

ネコのすがたの天使

のらネコは警戒心が強く、かわれるようになっても、新しい環境になれるのには長い時間がかかります。

自らのぞんでかいネコになり、ターフェルのめんどうを見始めたプディタットは、ターフェルにとってもジュディさんにとっても、ネコのすがたをした天使だったのでしょう。

泣ける実話 3 おはかを守るイヌ

お父さんからのプレゼント

かい主とペットのきずなは、特別です。それを証明するような出来事がアルゼンチンで起こりました。

この話の主人公は、カピタンという名前のジャーマン・シェパード・ドッグの雑種です。アルゼンチン中央部の町ビジャ・カルロス・パスに住んでいたミゲール・グスマンさんが、息子ダミアン君へ誕生日のプレゼントとしておくり、2005年6月に家族の一員になりました。

ところがミゲールさんは、2006年3月になくなってしまいました。あまりに急なことだったので、家族

はそうぎとまいそうの準備で悲しむひまもありませんでした。そんななか、カピタンがすがたを消しました。

最初にカピタンがいなくなったのに気づいたのはダミアン君でした。家の近所から始め、かなり遠くまで行ってさがしましたが、見つかりません。ミゲールさんにつづき、一番新しい家族の一員もいなくなってしまったのです。

おはかで見た信じられない光景

そうぎから少したったある日、はじめておはかまいりに行った一家は、そこで信じられない光景を目にしました。カピタンがミゲールさんのおはかの前にすわっていたのです。そのすがたは、まるでおはかまいりにおとずれる家族を待っているかのようでした。

ダミアン君のお母さん、ベロニカさんはこう語ります。

「ダミアンが大きな声を出したので何かと思ったら、おはかの前にすわっていたカピタンがほえながら走ってきました。うれし泣きのような声でした」

そのまま家につれてかえろうとしましたが、何度車に乗せても、カピタンはおはかの前にもどってしまいます。

ミゲールさんはビジャ・カルロス・パスの病院でなくなり、墓地は自宅からかなりはなれています。まいそうのとき、カピタンはすでにいなくなっていたので、墓地に来たことはないはずです。おはかの前からまったく動かないカピタンを見て、ダミアン君たちはその日はしかたなく家に帰ることにしました。

その次の週の日曜日。一家はふたたびおはかまいりに行きました。すると、やはりカピタンがおはかの前にすわっていました。ただ、この日は声をかけるとあとについてきて車に乗り、家までいっしょにもどりました。そのまま家にいるかと思ったのですが、3日後にふたたびすがたが見えなくなりました。

行き場所は決まっていました。その日以来、カピタンはずっと墓地にすみつづけたそうです。

天国へ旅立ったカピタン

そして2018年2月20日。墓地の管理人が、ミゲールさんのおはかの前で死んでいるカピタンを見つけました。満ち足りてねむっているような表情をうかべていたといいます。

カピタンは、ミゲールさんがなくなったことを理解して、おはかを守

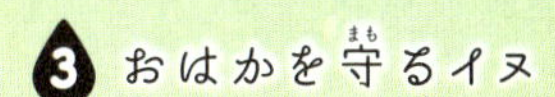

3 おはかを守るイヌ

っていたのでしょうか？　それとも、そこで待っていればいつかミゲールさんが帰ってくると思っていたのでしょうか？　いずれにせよ、ミゲールさんとカピタンとの間には特別なきずながあったのでしょう。そうでなければ、カピタンが10年以上も毎日いっしょにいようとは思わなかったはずです。

　ミゲールさんに天国までついていったカピタンは、その一生を一番幸せな形で終えることができたのかもしれません。カピタンは、天国でミゲールさんに思いきりじゃれついていることでしょう。

なにがなんだかわからない!?

泣けるややこしい名前

聞いただけでは
何だかわからない名前の
生き物たち。

スベスベケブカガニ

ケブカガニ科なのに毛がなく、
スベスベしています。

タコイカ

イカのあしは10本、タコのあしは8本。イカなのに、あしが8本なのでこんな名前に。

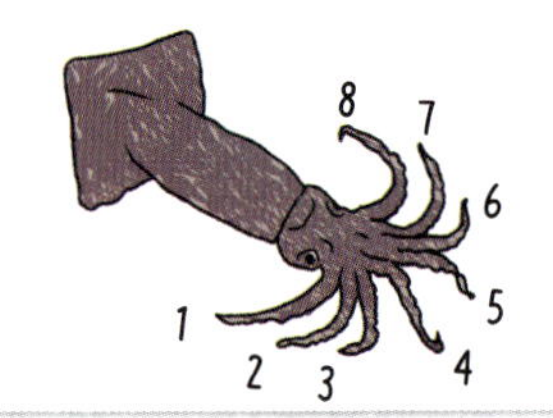

ワニトカゲギス

ワニなのかトカゲなのかとなやんでしまいますが、正体は深海魚のなかまです。

ハチクマ

ハチ？　クマ？　……いいえ、正体は鳥です。クマタカににていて、ハチ好きなのでこんな名前に。

カニコウモリ

カニでもコウモリでもなく、植物です。コウモリソウ属の植物で、葉がカニのこうらににています。

Chapter 2

第2章

【 泣けるからだ 】

すごいけど、ちょっとだけ不便そうなからだの生き物を紹介します。

野生動物の武器

動物は生きのこり、子孫をふやすことが仕事です。てきからのがれて身を守ったり、たたかったりして、何とか生きのころうとします。子どもをうんで育てる季節になると、おす同士がはげしくあらそう動物もいます。これらの動物たちのなかには、特有の武器や能力が発達したものがいます。

角は比較的多くの動物が持つ武器です。ヘラジカのおすは巨大でふくざつな形をした角を持っていますが、角のつき合いでからまり、両方とも死んでしまう

ことがあります。

どくヘビにはもうどくをもつものがいますが、どくを作りだすにはかなりのエネルギーを使うので、むやみには使いません。チーターは高速のランナーですが、走っているときに、あななどにあしを取られて、骨折することがあります。キリンのおすは角と長い首で打ちあいますが、首が長すぎて打ちつけてしまい、首のほねを脱臼することがあります。

どんな武器や能力をそなえていても、すべてが上手くいっているわけではないことがわかります。それでも、自分のからだの一部をぎせいにしてでも、何とか生きのころうとするのです。

今泉忠明

泣ける指数

ハチドリ

- 名前：マメハチドリ
- 分類：鳥類ヨタカ目（アマツバメ目）
- 分布：キューバ
- 大きさ：全長4〜6㎝

昼にはげしく動くので、夜は動けません。

メリハリ！ メリハリ！

ハチドリの多くは、昆虫の小さな鳥です。1秒間に50回以上も羽ばたき、先が二つにわれた細長いしたをすばやく出し入れして、花のみつをすいます。

猛スピードの羽ばたきには、たくさんのエネルギーを使います。そのため、日中は花のみつをすいつづけなければなりません。しかし、花がとじる夜間は活動しないので、体温が下がり、エネルギーを使う量が急激にへります。このとき、冬眠中の生き物のように深いねむりに落ちてしまいます。

鼻に魚がつまって死ぬことがあります。

泣ける指数

ゴンドウクジラ

◆名前：ヒレナガゴンドウ
◆分類：ほ乳類クジラ目
◆分布：北大西洋など
◆大きさ：全長7・6m（おす）

クジラのなかまは噴気孔という鼻のあなでこきゅうをします。噴気孔は頭の上にあり、海面でこきゅうをするときはあなを開き、水中でしめます。

ですから、海の中では噴気孔に海水が入ることはほとんどありません。しかし、噴気孔に海水どころかとんでもないものが入ってしまったゴンドウクジラがいました。魚のヒラメです。海底からにげようとしたときにたまたまクジラの噴気孔にとびこんだのでしょうか。ヒラメがつまったゴンドウクジラは、息ができなくて、死にました。

泣ける指数

デメニギス

頭の中が丸見えです。

深海には、奇妙なすがたをした生き物が多くいます。デメニギスもそうで、頭がスケスケなのです。

頭は透明のまくでおおわれ、その中は液体で満たされています。そして、頭の中には、ぎょろりとした大きな目がおさまっています。出っぱりのような目なので、"出目ニギス"というわけです。この目で、上のほうをただようクラゲを発見し飲みこみます。ちなみに、顔の正面についた二つの小さな点は目ではなく嗅覚器です。

海岸などに打ち上げられると、頭のまくはうしなわれ、頭はつぶれてしまいます。

◆名前：デメニギス
◆分類：硬骨魚類ニギス目
◆分布：北太平洋の水深400～800m
◆大きさ：全長15cm

あんまり
見つめないで

自分で自分を消化することがあります。

名前：ナミウズムシ
分類：ウズムシ類ウズムシ目
分布：北海道北部をのぞく日本全域
大きさ：体長2～2.5cm

川の上流にすむプラナリアには、おどろくほどの再生能力があります。からだを半分に切れば、それぞれが再生して2匹になります。1匹を100以上に切っても、それぞれが再生したという記録があります。自分を分裂させて再生し、数をふやすので、寿命はありません。

ところが、再生には条件があります。水温が10～20℃ほどでないと、再生能力が落ちます。また、1週間ほど絶食しないと、切断したときに胃から消化液がもれ、自分自身をとかして死んでしまいます。

すなつぶがないと、フラフラします。

泣ける指数

ザリガニ

- 名前：アメリカザリガニ
- 分類：甲殻類十脚目（エビ目）
- 分布：日本各地の川や池（原産地はアメリカ）
- 大きさ：体長10cm

多くの動物の耳には耳石というカルシウムの石があり、これでからだのかたむきを感じ、バランスを取ります。

しかし、脱皮直後のザリガニには耳石がありません。そこでザリガニは、短い触角のつけ根のあなに、小さなすなつぶを取りこんで、耳石の代わりにしています。

だから、脱皮のたびに水の中のすなをまき上げ、入れなおさなければなりません。

しかし、すなつぶがないと、ふらふらして仕方がないようです。

泣ける指数 💧💧💧

ヘラジカ

角がからまって動けなくなることがあります。

ノルウェーでは〝森の王〟ともよばれるヘラジカは、シカのなかまでは最大です。

おすの頭には、ヘラのような平たく大きな角があり、これが名前の由来になっています。角は毎年生えかわります。

この角はヘラジカの武器でもあり、おすはなわばりや、めすをめぐってたたかうとき、角をぶつけ合ってけんかをするのですが……運がわるいと、からまってしまうことがあります。最悪、外れなくなってしまうと、動くこともできなくなり、やがて死んでしまいます。

◆名前：ヘラジカ
◆分類：ほ乳類ウシ目
◆分布：アジア、ヨーロッパ
◆大きさ：体長240〜310㎝

あれ？外れない

泣ける指数 💧💧

イカ

上下反対にかかれがちです。

- 名前：ヤリイカ
- 分類：頭足類ツツイカ目
- 分布：北海道以南
- 大きさ：外套長40cm（おす）

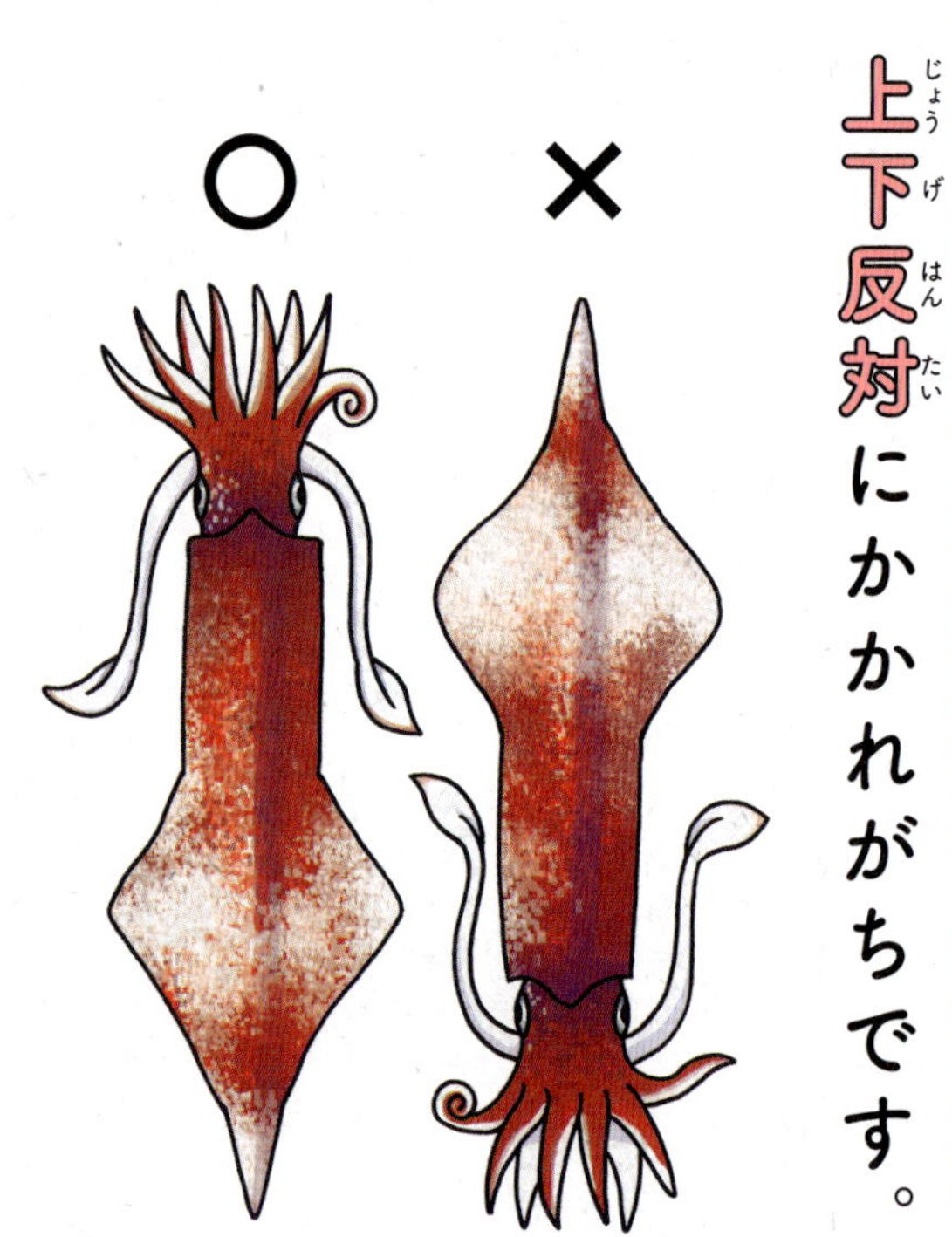

イカの絵を見たことがありますか。三角形のひれがあるがわが上、10本のあしがあるがわが下にかかれることが多いようです。

ところが、目がからだの上にくるような、ほかの生き物のかきかたに合わせると、向きがまちがっています。

イカの頭と思われがちな三角形のひれがついた部分は、実はからだです。つまり（生物学的には）、目がからだの上にくるように、あしを上にしてかくのが正解。ちなみにタコも、丸い頭が下にくるのが正解です。

顔に200万匹のダニがくらしています。

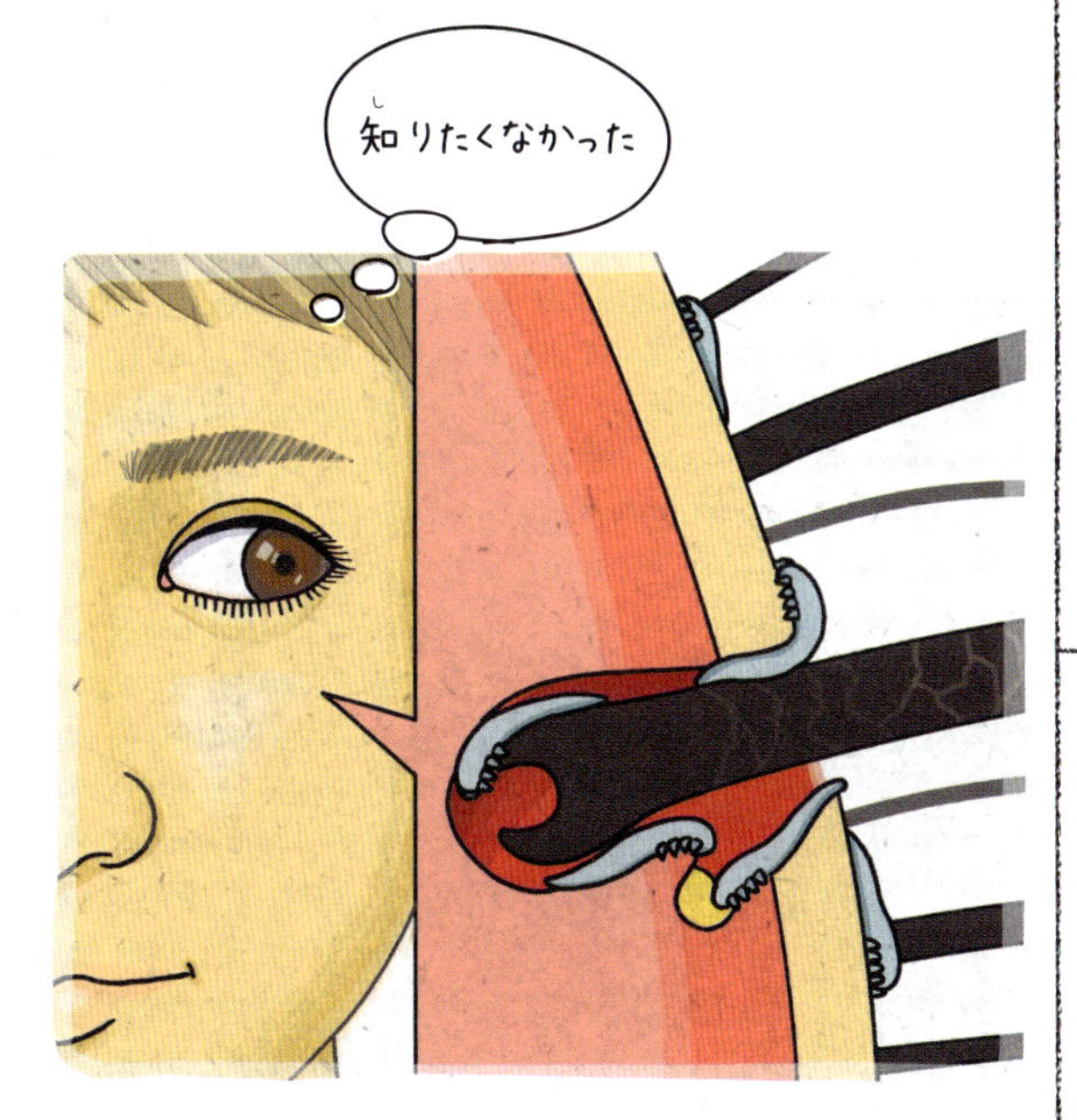

ヒト

名前：ヒト
分類：ほ乳類サル目
分布：世界各地

ダニといえば、ヒトが生活している場所ならどこにでもいる、ごく小さな生き物です。そして、実はヒトの顔にもたくさんいます……。その数はなんと200万匹！

そのダニの名前はデモデクス。顔ダニともよばれ、とても小さく、目で見ることはできません。ヒトの毛あなの中でくらし、皮ふから出るあぶらを食べています。実はこのおかげで、あぶらのバランスがたもたれます。

ただし、ダニがふえすぎると、乾燥肌やニキビの原因にもなります。

さわられると、とけます。

泣ける指数 💧💧💧

シカクナマコ

- 名前：シカクナマコ
- 分類：ナマコ類楯手目
- 分布：奄美大島以南の浅海
- 大きさ：体長15〜30cm

シカクナマコは、名前のとおり、角ばった形をしたナマコのなかまです。このナマコは、表面はかたいのですが、さわっていると、からだから水が出てきます。やがて、ぐにゃぐにゃにとけてしまいます。

これは、シカクナマコの身を守るための手段です。てきに食いつかれると、その部分がやわらかくなり、内臓が外にとびだします。これをてきが食べている間に、にげるというわけ。なお、からだがくずれ、内臓がなくなってしまっても、しばらくすれば再生するので大丈夫です。

トカゲ

尾が切れると弱ります。

名前：ヒガシニホントカゲ
分類：は虫類有鱗目
分布：東日本、極東ロシア
大きさ：全長15～27cm

ちょっと休けい
フー
フー

トカゲの尾は、てきにおそわれておさえられたりすると、切れます。切れた尾は、くねくねと動き、てきがそちらに気をとられている間に、にげるのです。

切れた尾はまた生えてきますが、ほねは再生しません。また、尾の再生はからだに大きなふたんをかけます。そのため一度切れると、弱ってしまうものや、からだのバランスがくずれて動きがにぶくなり、てきにつかまりやすくなるものもいます。

尾はかんたんに切れますが、トカゲにとって一大事なのです。

泣ける指数 💧💧💧

チスイコウモリ

やさしくしないと、なかまから見すてられます。

◆名前：ナミチスイコウモリ
◆分類：ほ乳類コウモリ目
◆分布：中央アメリカ〜南アメリカ中部
◆大きさ：体長9cm

ナミチスイコウモリは、コウモリのなかまではめずらしく、生き物の血を栄養源にしています。きずついた生き物をさがしたり、するどくとがった歯でえものの皮ふを切りさいたりして、血をなめとるのです。その量は、わずかスプーン1ぱいほど。ナミチスイコウモリは、2日間食事ができないと死んでしまいます。とはいえ、大量の血の〝食いだめ〟はできません。

多くなめすぎると、からだが重くなり、とべなくなってしまうからです。

では2日間、血にありつけなかった場合は、死ぬしかないのでしょうか。いいえ。実はむれでくらすめすたちは、血にありつけなかったなかまに、自分がすった血をはきもどしてわけてあげます。これはおたがいさまで、自分が空腹のときにはなかまから血をわけてもらえます。

しかし、やさしいめすたちも、過去に助けてくれなかったなかまに対しては、血をわけることをことわることが多いそうです。

おしりでこきゅうします。

泣ける指数

カクレガメ

◆名前：カクレガメ
◆分類：は虫類カメ目
◆分布：オーストラリア
◆大きさ：甲長40cm

オーストラリアのメリー川でくらすカクレガメは、水中にもぐっている間、おしりのあなのところにあるふくろでこきゅうをします。おしりには、おしっこやうんこを出したり、たまごをうんだりするあながあります。このおしりのふくろには特別な腺があり、水の中の酸素を取り入れることができます。

そのおかげで、カクレガメは水中に3日間ももぐったまま、じっと動かずにすごすことができます。あまりに動かないので、頭やこうらには、コケやモが毛のように生えます。

泣ける指数

ウナギ

やかれると、どくがなくなります。

◆名前：ニホンウナギ
◆分類：硬骨魚類ウナギ目
◆分布：日本各地、東南アジア
◆大きさ：全長60〜100cm

ウナギといえば、スタミナがつく食材として人気です。かばやきがおなじみで、さしみとして食べられることはありません。というのも、ウナギの血にはイクシオヘモトキシンというどくがあるからです。

このどくは、あまり強くはありませんが、目に入れば失明するきけんがあり、口に入ればのどがはれます。しかし、熱に弱いどくで、しばらくやけばなくなるので、やいて食べられます。

もしこのどくが熱に強かったら、ウナギは人間に食べられずにすんだことでしょう。

泣ける指数

ヒゲペンギン

うんこがいきおいよくとびます。

- 名前：ヒゲペンギン
- 分類：鳥類ペンギン目
- 分布：南極大陸、南極周辺の島
- 大きさ：全長69〜76cm

ヒゲペンギンは、目の後ろからのどを通るひげのような黒い線が特ちょうの中型のペンギンです。なかまとむれでくらし、おすとめすのペアは、小石をつんだ巣をつくります。そして、たまごをうむと、おすとめすが5〜10日交代でたまごを温め、ひなをかえします。

たまごを温めている間は、巣からはなれることはできません。たまごがひえてしまうからです。

うんこ（と、おしっこがまざったもの）をするときも、その場からはなれることはありません。では、どうするかというと……巣の外に向けて、四方八方にとばすのです。

ヒゲペンギンのうんこはとてもいきおいがあるため、40㎝もとびます。当然、近くの巣にもときどき、そこでたまごを温めているなかまにもうんこがかかってしまいます。ヒゲペンギンは短気なので、うんこをかけられればおこりそうなものですが……うんこ事情はみんな同じなので、けんかはしないようです。

魚なのにおぼれます。

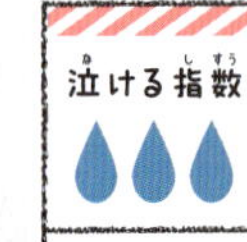

ハイギョ

- 名前：オーストラリアハイギョ
- 分類：肉鰭類ケラトドゥス目
- 分布：オーストラリア
- 大きさ：全長1.5m

魚のなかまは、えらから水の中の酸素をとりこみ、こきゅうをするので、おぼれることはありません。しかし、ハイギョの成魚は、えら以外に肺もあり、おもに肺を使ってこきゅうをします。肺で水中の酸素をとりこめないので、数時間おきに水面に顔を出してこきゅうしないとおぼれてしまいます。

ただ、すんでいる場所が乾季などで水がへっても、生きのこれます。からだのまわりにねんまくのマユのようなものを作り、肺でこきゅうしながら、土の中でねむってすごすのです。

つくりものだと思われ、ちょっと切られました。

泣ける指数

カモノハシ

- 名前：カモノハシ
- 分類：ほ乳類カモノハシ目
- 分布：オーストラリア東部、タスマニア
- 大きさ：体長31～40cm

カモノハシはたまごをうむほ乳類です。見た目はカワウソのようで、ビーバーのような平たい尾、短いあしには水かきとかぎづめ、カモににたくちばしをもちます。

そんなカモノハシの毛皮がはじめてイギリスの大英博物館に送られてきたころのこと。毛皮を調べたショウ博士は、いろいろな動物をくっつけたにせものだと思い、くちばしのところからはさみで切ろうとしました。ところが、どこにもくっつけた不自然さがなかったので、本物とみとめたのです。

あまり役に立たないあしがあります。

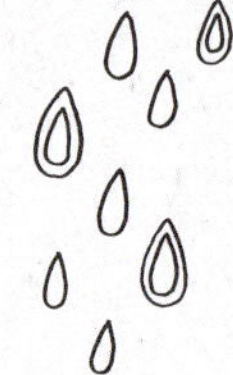

ニシキヘビ

- 名前：アミメニシキヘビ
- 分類：は虫類有鱗目
- 分布：東南アジア
- 大きさ：全長500〜700cm

むかし、ヘビにはあしがありました。今もその名ごりがあるものがいます。

たとえば、ニシキヘビ。からだと尾の間には、けづめとよばれる部分があり、これがあしの名ごりです。動かすことができますが、歩くことには使えません。ただ、交尾のときにおすはけづめでめすのせなかをひっかき、交尾をうながすようです。

ちなみに、ヘビをうら返したとき、うろこが1まいの部分まwhile でが腹、そこから先の2まいになった部分が尾です。あしはその境目にあります。

泣ける指数 💧💧💧

ヤギ

名前：シバヤギ
分類：ほ乳類ウシ目
分布：日本
大きさ：体重20～25kg

子どもが乳を飲みませんでした。

3頭の子ヤギの母親が病気にかかり、乳が出なくなるということがありました。子ヤギたちは、乳がほしくて鳴きました。その声がしげきになったのでしょうか。なんと、子ヤギの父親から、突然、乳が出るようになったのです。

実は、この父ヤギの父親も、かつて乳を出したそうです。つまり、親子2代で、おすから乳が出たのです。しかし、親の心子知らずということでしょうか……子ヤギたちが、父ヤギの乳を飲むことはありませんでした。

泣ける実話

4 いたみにたえたフィーゴ

もうどう犬のフィーゴ

2015年6月8日。走ってくるスクールバスの前に、もうどう犬がとびだして、目の不自由なかい主を守るという事件が起こりました。

現場は、アメリカのニューヨーク州南部にあるブルースターという町です。ゴールデン・レトリーバーのもうどう犬フィーゴといっしょに住むオードリー・ストーンさんは目が不自由で、フィーゴがいないと日常生活に支障をきたす状態でした。

おそいかかったスクールバス

目撃者の証言によると、ストーンさんとフィーゴがいっしょに道路を渡っていたとき、スクールバスが近づいてきたそうです。

フィーゴはストーンさんの右がわにいましたが、きけんがせまっていることを感じたのでしょう。とっさに左がわに回りこみました。ストーンさんとバスの間に自分のからだをわりこませるようにしたのです。

しかしバスがスピードを落とさないまま進んできたので、ストーンさんもフィーゴもそのままバスにひかれてしまいました。タイヤにはフィーゴの体毛がついていました。

バスの中にいたふたりの子どもたちに気を取られたドライバーがしせんをそらした一瞬に事故が起きてしまったようです。

いたみにたえてかい主を助ける

右の前あしをおったフィーゴは、はげしいいたみにおそわれていたにちがいありません。

でもフィーゴは、たおれたまま愛犬の名前をよびつづけるストーンさんのそばをはなれようとしませんでした。これ以上わるいことが起こらないよう、しっかり守ろうとしてい

たのでしょう。目撃者は次のように語っています。
「フィーゴは、いたみにたえながらがんばっていました。3本のあしで立ち、たおれているストーンさんの服をくわえて引っぱり、安全な場所へつれていこうとしていました」

現場にかけつけ必死の手当て

ブルースター消防署長のモー・デサンティスさんは、いち早く現場にかけつけ、ストーンさんに救急車をよび、フィーゴに応急処置をしました。

フィーゴのからだを包帯とたんかで固定したとき、すぐ近くにある動物病院のタグが首輪についているのを見つけ、その場で連絡しました。

ろっこつ3本とくるぶし、そしてひじのほねをおって、コネティカット州のダンベリー病院に入院したストーンさんは、こう語ったそうです。

「フィーゴには心から感謝しています。わたしにフィーゴをつかわしてくださった神さまに感謝します。フィーゴの命が助かって本当によかった。心から愛しています。ずっといっしょにいたいと思います」

フィーゴのかかりつけの獣医、ルー・アン・ファイファーさんは次のように語っています。

「ストーンさんを守ろうと必死だったのでしょう。フィーゴの行動を正確に説明することはできません。ただ、ストーンさんへのフィーゴの無条件の愛があったことはまちがいありません」

べつべつの病院に入院している間、フィーゴとストーンさんは、毎日ビデオチャットをしてさびしさをまぎらわし、様子を確認しあっていたそうです。

本当のなかよしであり、心から愛しあっているのでしょう。

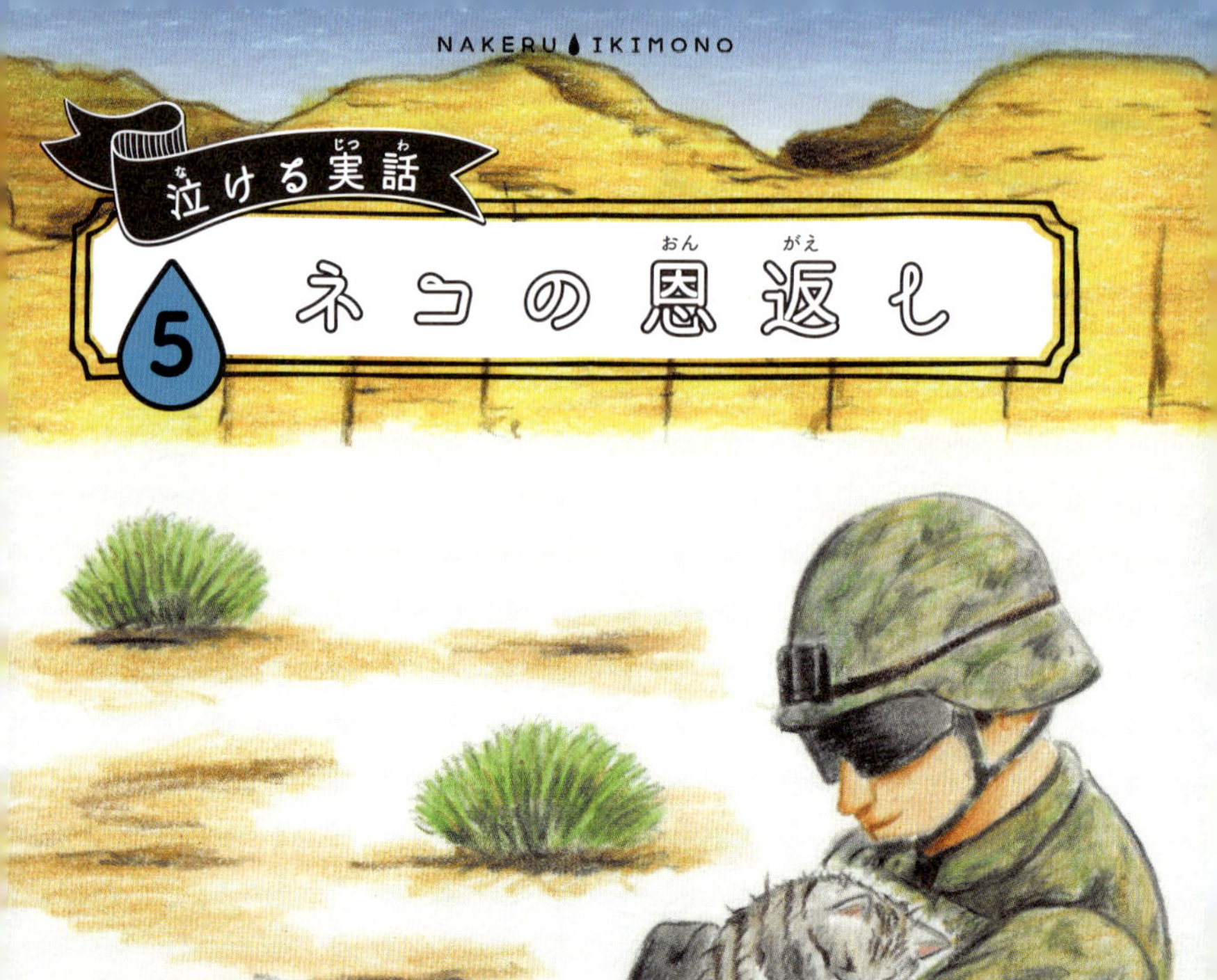

泣ける実話 5 ネコの恩返し

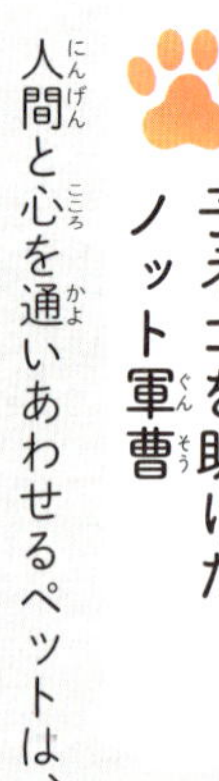

子ネコを助けたノット軍曹

人間と心を通いあわせるペットは、もちろんイヌだけではありません。マイペースだと思われがちなネコも、きめ細やかな愛情をしめします。その気持ちが恩返しという目に見える形になり、人の命をすくうことがあるようです。ジェシー・ノット軍曹は、自分が命をすくったネコに命をすくわれました。

2010年7月のある日、ノット軍曹は軍務についていたアフガニスタンのフータルという町にあった基地で、1匹の子ネコと出会いました。

小さなからだはやせ細り、あちこちにきずがありました。満足にえさをもらっていないことは明らかで、虐待されている可能性もある状態です。

もともとネコが大好きだったノット軍曹は、子ネコをそのままにしておくことはとてもできませんでした。コシュカ（ロシア語でネコという意味です）と名づけ、規則違反を承知でその日から基地内でかうことにしました。

戦争で命を落とした戦友

それから5か月ほどたったある日。ふたりの戦友が命を落としました。

ノット軍曹は自分をはげしくせめました。その日はなくなったふたりといっしょにパトロールに出ることになっていたからです。

わるいことはつづきます。アメリカにいる妻が、離婚をもうしでてきたのです。ノット軍曹は絶望のふちに立たされました。

「こんな自分に、生きる価値などあるのだろうか……」

そして、自殺という言葉がつねにうかぶような日々をすごすことになってしまったのです。

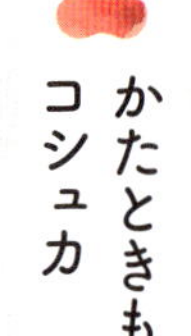

かたときもはなれない コシュカ

ノット軍曹にすくいの手をさしのべたのは、コシュカでした。自由時間はねてばかりいるようになった彼の上に乗り、胸から肩、顔にのぼってきて、前足の肉球でひたいをぽんぽんたたくのです。まるで「よしよし」となぐさめているような仕草でした。そうしながら、聞いたことのないようなひくい声で鳴きます。こんなことが1日に何回もつづくようになりました。このころになると、コシュカがノット軍曹のそばをはなれることはなくなりました。

見つかった 新たな生きがい

しばらくして、ノット軍曹はこう思うようになりました。

―コシュカをつれてこの国を出よう。ふさわしい環境でコシュカをかいつづけよう。

それが新しい生きがいになりました。アフガニスタンの動物保護団体に連絡すると、職員がコシュカをフータルからカブールまで運んでくれることになりました。

こうしてコシュカは、アメリカのオレゴン州オレゴンシティーにあるノット軍曹の実家でいっしょにくらすことができるようになったのです。

オレゴン州での授賞式

コシュカの話は地元オレゴン州で大きな話題となり、それを知ったアメリカ動物虐待防止協会が、2013年の〝キャット・オブ・ザ・イヤー〟に選出しました。ニューヨークで開かれた授賞式に出席したコシュカは、ほこらしげな表情をうかべていたといいます。表彰理由として、次のような言葉がのべられました。

「ノット軍曹がコシュカの命をすくったことはまちがいない。しかし、コシュカがノット軍曹の命をすくい、生きる希望をあたえたこともまちがいのない事実である」

泣ける実話 6 ダンボール箱の中の赤ちゃん

のらネコのマーシャ

動物の母性本能はふしぎです。イヌやネコが自分のものではない子どもを育てることはときどきありますが、まったくべつの種類の動物――たとえば人間――の子どもを守ろうとすることもごくまれにあるようです。

感動の物語のぶたいとなったのは、ロシアのモスクワから南西に約100kmはなれたカルーガ州のオブニンスクという町です。

この町のとあるアパートの周辺でくらしている1匹ののらネコがいました。とても愛想がよく、アパートの住人や近所の人たちともなかよしでした。

この話の主人公、ロングヘアーのネコ、マーシャです。

箱の中でねむる赤ちゃん

2015年1月のある日。オブニンスクは氷点下の寒さでした。

アパートの住人、イリーナ・ラブロワさんは次のように語っています。

「マーシャはとてもおとなしくて人なつっこいんです。アパートに入ってくると、わたしの部屋にあいさつに来てくれます。あの日はいつもと

6 ダンボールの中の赤ちゃん

ちがう感じの鳴き声が聞こえてきたので、けがをしたんじゃないかと思いました」

イリーナさんが部屋の外に出ると、マーシャが「ついてきて」というような仕草を見せました。後についていくと、建物の外階段の下にダンボール箱がおかれていました。マーシャはその中にもぐりこみます。

「マーシャが箱の中で赤ちゃんにそいねするのを見たときは、息が止まるくらいおどろきました」

マーシャは、長い毛を使ってまだ小さな赤ちゃんの体をつつみこむようにしてそいねをしながら、顔をぺ

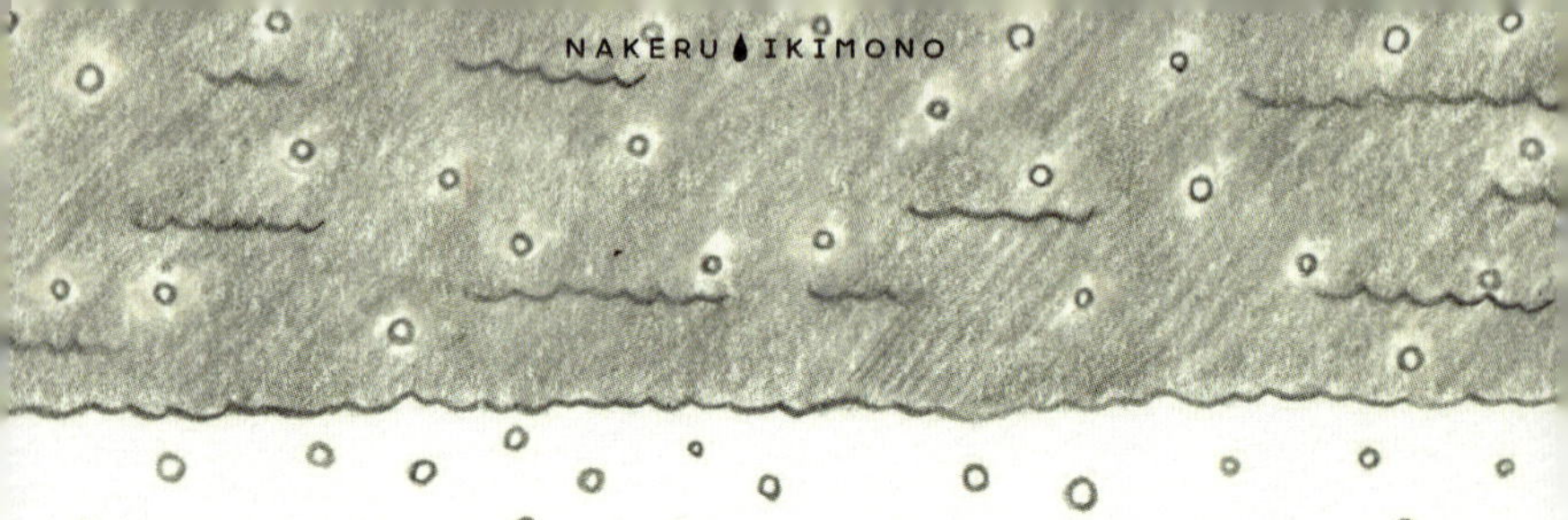

ろぺろなめていたそうです。
赤ちゃんは清潔な服を着ていて、箱の中にはオムツとベビーフードが入ったふくろがおかれていました。

赤ちゃんをどこにつれていくの?

しばらくすると、アパートの住人であるナデズバ・マコビコバさんが外に出てきました。

ナデズバさんも、マーシャの鳴き声にどこか必死なひびきを感じとったそうです。イリーナさんとナデズバさんは、すぐに消防署に通報しました。

現場にかけつけた救急隊員のヴェ

ラ・イバニーナさんは、こう語ります。

「あのネコは、わたしたちが赤ちゃんをどこにつれていってしまうのか、とても心配しているようでした。わたしたちのすぐ後ろについてきて、ずっと鳴きつづけていました」

ヴェラさんが赤ちゃんをだいて救急車につれていくとき、マーシャはあとを追って走ってついていったそうです。

マーシャの母性本能

病院に運ばれた赤ちゃんは、生後2〜3か月くらいの男の子でした。病院でくわしいけんさを受け、何の問題もないことが確認されました。

イリーナさんは言います。

「マーシャは母性本能で赤ちゃんを守ったのでしょう。あの事件以来、みんなで毎日ごちそうをあげています。やさしいマーシャをほこりに思います。わたしたちのヒロインです」

助けられた赤ちゃんが元気に育つことを心からいのっているのは、マーシャだけではないでしょう。

実はちがうんだけど…
泣けるかんちがいでついた名前

かんちがいなどで、あまり関係のない名前になってしまった生き物たち。

ブッポウソウ

「ブッ・ポウ・ソウ」（仏法僧）と聞こえる鳴き声の鳥だと思われ、この名前に。しかし、そのように鳴くのはコノハズクという鳥でした。

アイアイ

めずらしいサルなので、つかまえた現地の人たちが「アイアイ」とよろこびの声をあげたら、それが名前に。

ヤツメウナギ

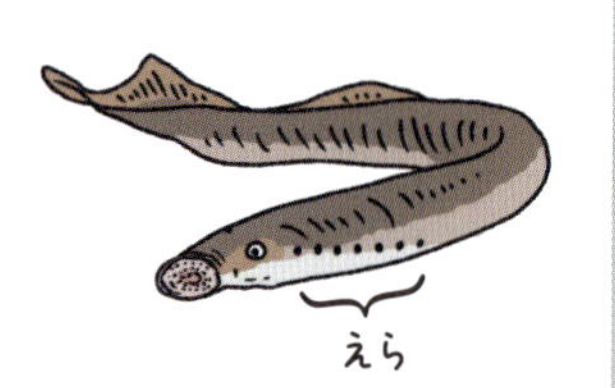

からだの側面に目が８つずつあるように見えたためにつけられた名前。しかし目は両がわにひとつずつしかなく、他の７つはえらあなです。

ウッカリカサゴ

カサゴににており、うっかりカサゴにまちがえてしまうため。しかしこの名前のせいで、うっかりしている魚だと思われてしまいます。

インドリ

マダガスカルの原猿（原始的なサル）で、現地の人が指さし「インドリア」（そこにいる）と言ったのが、そのまま名前に。

Chapter 3

第3章

【泣ける恐竜・古生物】

恐竜や古生物は強くてかっこいい!?　そんなイメージとは真逆なエピソードを紹介!

恐竜のなぞ

恐竜の存在は1841年までは、だれも知りませんでした。メガロサウルスやイグアノドンの化石が見つかり、イギリスの生物学者リチャード・オーウェンによって調べられました。そして大むかしには、今のは虫類とはまったくちがう、巨大ななかまが生息していたことがわかり、それを「おそろしいトカゲ（Dinosaur＝恐竜）」と名づけました。

全身の骨格や皮ふなどの化石が出ることはまれでしたから、比較的近いなかまのワニ類を参考に、復元さ

れました。ですから、厳密にいえば恐竜がどんなすがたをしていたかは、だれにもわからないことなのです。もしかしたら、わたしたちの持つイメージとはまったくちがうすがたをしているかもしれません。

ただ、6600万年前に、鳥類をのぞくすべての恐竜が絶滅したことだけはたしかです。地球にいん石が衝突して急激に気温が下がったせいだとされていますが、この原因についてもいろいろな説があります。

地球上を1億7000万年以上も支配していた恐竜が消滅した空白地帯で、絶滅をまぬがれた鳥類やほ乳類が一気に繁栄しました。そのおかげでわたしたち人類が登場することができたのです。

今泉忠明

泣ける指数 💧💧💧

オヴィラプトル

たまごどろぼうと名づけられました。

◆名前：オヴィラプトル
◆生息時期：白亜紀後期
◆化石発掘地：モンゴル、中国
◆大きさ：全長1.6〜2m

口にくちばし、頭にとさかがたをしていたともいわれるオヴィラプトル。その名前の意味は「たまごどろぼう」です。

なぜ、この名前がつけられたのかといえば、恐竜の巣のそばで、化石がはじめて発掘されたから。巣にあったたまごをぬすみにきたと考えられたのです。

ところが後に、この巣はオヴィラプトルのものだとわかりました。自分のたまごを温めていたのです。しかし、恐竜でも何でも生物は一度名づけられると、名前がかえられることはありません。そのため、かんちがいされた名前のままなのです。

だからあたしの
たまごだってば～

首を高く上げられません。

泣ける指数

ディプロドクス

- 名前：ディプロドクス
- 生息時期：ジュラ紀後期
- 化石発掘地：アメリカ
- 大きさ：全長約20～35m

ディプロドクスは、大きなからだに、たいへん長い首をもつ植物食恐竜です。

キリンのように長い首を立てて、背の高い木の葉などを食べていたように思えます。ところが最近の研究では、ディプロドクスは長い首をほとんど上げることができなかったのではないか、と考えられています。

それでも、首とせなか、尾が水平になる位置までは上げられます。後ろあしを支点にして、長い首と長い尾で、つり橋のようにバランスをとっていたようです。

泣ける指数

デイノテリウム

◆名前：デイノテリウム
◆生息時期：中新世前期〜更新世前期
◆化石発掘地：ヨーロッパ、アジア、アフリカ
◆大きさ：体長6m

下あごになぞのきばがあります。

1829年に化石の一部が発見されました。このときは、どのような生き物かわからず、巨大なカバやバクのような生き物だと考えられました。やがて全身の化石が見つかり、ゾウのなかまだということがわかりました。また、カーブした大きなきばがあり、ゾウのように上向きで復元されました。

しかし、1833年、保存状態のいい下あごのほねが見つかり、それがまちがいだったと判明。上向きだと思われたきばは、下あごからのびる、下向きについたきばだったのです。

泣ける指数

トリケラトプス

モテたくてかざりが大きく進化しました。

◆名前：トリケラトプス
◆生息時期：白亜紀後期
◆化石発掘地：北アメリカ
◆大きさ：全長6～9m

トリケラトプスは、3本の角とフリル（えりかざり）をもつ、植物食恐竜です。

この角やフリルは、ティラノサウルスなどの肉食恐竜とたたかうために大きく進化したという説があります。しかし、これでは、首やからだのふたんになります。

そのため、最近では、たたかうためではなく、異性にモテるために大きくなったのではないかと考えられています。大きければよく目立ち、異性をひきつけられるからです。もしこの新説が本当なら、肉食恐竜といさましくたたかうトリケラトプスのイメージがかわりますね。

おしゃれは
がまん

新種とみとめられるまで38年かかりました。

泣ける指数

フタバスズキリュウ

◆名前：フタバスズキリュウ
◆生息時期：白亜紀後期
◆化石発掘地：福島県
◆大きさ：全長約6.5m

1968年、福島県の高校生が双葉層群という地層で化石を発見しました。

恐竜がいた時代の海でさかえていた、首長竜という大型は虫類の化石です。その化石は「フタバスズキリュウ」とよばれました。

しかし、この首長竜が新種かどうか、わかりませんでした。

その後、世界で首長竜の新種発見があり、研究が進みました。

その結果、発見から38年もたった2006年、フタバスズキリュウはようやく新種とみとめられました。

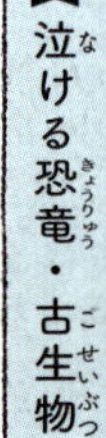

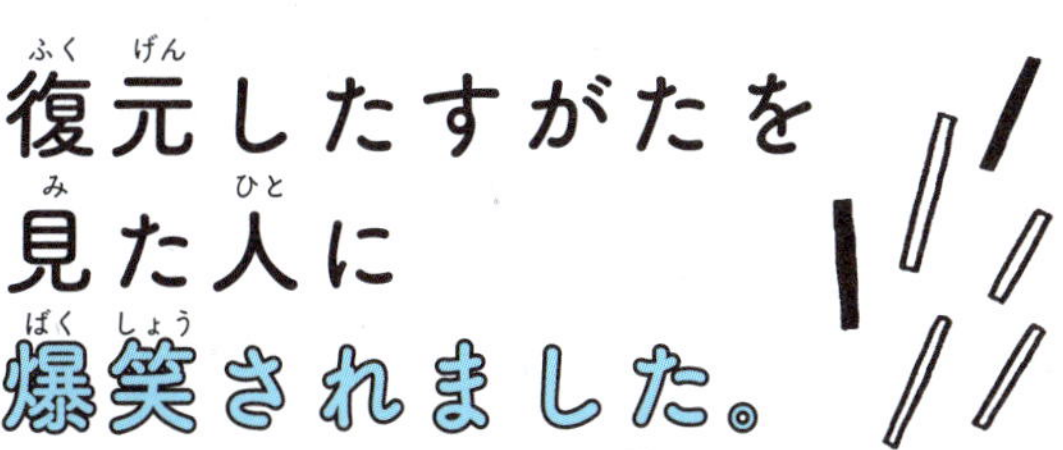

オパビニア

名前：オパビニア
生息時期：カンブリア紀
化石発掘地：カナダ
大きさ：全長10cm

今から5億年以上前の海にいたオパビニア。からだには15の節があり、それぞれにひれがあります。また、頭の先はゾウの鼻のようになっていて、先にあるハサミのようなものでえものをつかまえていたようです。化石から、生きていたときのすがたを復元されたときは、まちがえて上下さかさまにされてしまいました。その後、正しい向きに修正され、学会で発表されましたが……そのかわったすがたを見た人々に、何かのジョークかと思われ、会場では爆笑が起きたとか。

ティラノサウルス

か細い声しか出ません。

◆名前：ティラノサウルス
◆生息時期：白亜紀後期
◆化石発掘地：北アメリカ
◆大きさ：全長12～13m

"恐竜の王"ともよばれるティラノサウルスは、巨大な肉食恐竜です。名前の由来が「あばれんぼうトカゲ」であることからも、きょうぼうで強いイメージがあり、人気があります。

ところが、ティラノサウルスの研究が進むと、そのイメージがかわってしまうような話が続々と出てきました。

すさまじいおたけびをあげ、

てきをふるえあがらせていそうなイメージがありますが……実際はそんな大きな声は出なかったようです。鳴き声は「クークー」という、かわいらしいものだったと考えられています。

また、猛烈ないきおいでえものを追いかけ、食らいつきそうなイメージもありますが……走る速度は時速70kmもあったという説からせいぜい時速18kmだったという説まであり、はっきりしません。もし時速18kmなら、人間がティラノサウルスに追われたとしても、走ってにげきることができる速度です。

こうらのせいで絶滅しました。

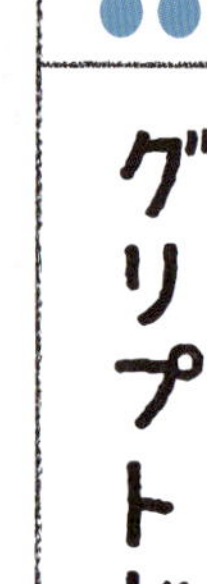

泣ける指数 💧💧

グリプトドン

◆名前：グリプトドン
◆生息時期：更新世〜完新世
◆化石発掘地：南アメリカ
◆大きさ：体長2〜3m

こんなはずじゃ

グリプトドンは大むかしのアルマジロのなかまですが、大きな球状のかたいこうらをもち、カメのように頭とあしを引っこめることができました。そのおかげで、肉食獣のつめやきばも歯が立ちませんでした。

このように守りはかんぺきでしたが、そのかたさがあだになりました。人間が、グリプトドンのこうらを、たてや、水入れ、小屋の材料などに使ったのです。こうらをとるためグリプトドンは人間にとらえられ、ついには絶滅してしまったと考えられています。

たまごをぬすまれがちです。

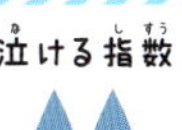

泣ける指数

ガストルニス

◆名前：ガストルニス
◆生息時期：暁新世〜始新世
◆化石発掘地：北アメリカ、ヨーロッパ
◆大きさ：体高2m

恐鳥ガストルニスは、つばさが小さく空をとべませんが、巨大でたくましいからだに、強力なあし、大きなくちばしをもちます。森林にすみ、植物を食べていたと考えられています。

ところが、ガストルニスは5500万年ほど前、絶滅してしまいました。新たにあらわれた大型の肉食ほ乳類に、かられるようになってしまったのです。

さらに、たまごをぬすまれたり、ひなを食べられたりして、大きく数をへらしてしまったようです。

泣ける指数 💧💧

プテラノドン

風が強い日は上手にとべません。

7〜9mもの大きなつばさをもつプテラノドンは、恐竜時代に大空を自由にまい、えものをおそう〝空の王者〟というイメージがあります。しかし実は、空をとぶのが下手だったようです。

プテラノドンのつばさは横に長いのですが、面積がせまく、鳥のように羽ばたいてとびたつことはできません。高いところからおりて、つばさで風を受け、とんでいたようです。

風に左右されやすく、自分のつばさの力で上昇や下降をすることができないので、強風の日などはとべなかったのかもしれません。

◆名前：プテラノドン
◆生息時期：白亜紀後期
◆化石発掘地：アメリカ
◆大きさ：翼開長7〜9m

今日はやめておこう

泣ける指数 💧💧

メガロサウルス

- 名前：メガロサウルス
- 生息時期：ジュラ紀中期
- 化石発掘地：イギリス
- 大きさ：全長約9m

巨人だと思われていました。

1824年、世界ではじめて名前がつけられた恐竜がメガロサウルスです。化石の一部は1676年にはじめて発見され、その記録がのこっています。ところが、そのときは、ゾウや、伝説の存在である巨人のほねだと思われていました。

1818年に、新たに化石が発見されると、トカゲのなかまだと考えられ、メガロサウルス（巨大なトカゲ）と名づけられたのです。そして、絶滅した（巨大）は虫類のなかまとして、新たに「恐竜」というグループがつくられることになりました。

とがった化石は親指です。

泣ける指数

イグアノドン

名前：イグアノドン
生息時期：白亜紀前期
化石発掘地：アメリカ、ヨーロッパ、モンゴル
大きさ：全長約10m

1825年に世界で2番目に名前がつけられた恐竜です。歯がイグアナのものににており、「イグアナの歯」という意味の名前がつけられました。化石はバラバラで発見されたため、イグアノドンのするどくとがった1本の化石は、どこの部分かわかりませんでした。そこでサイのような鼻先の角だと考えられました。復元図にも、鼻の先に角がえがかれています。

ところがその後、全身がそろった化石が発見され、角だと思われた化石は、なんと、親指のほねだとわかったのです。

泣ける実話 7 お見まいにきたイヌ

監視カメラにうつるイヌ

かい主に向けるペットの深い愛情が、きせきのような出来事を起こすことがあります。

サマンサ・コンラッドさんは、アメリカのアイオワ州シーダーラピッズにあるマーシー・メディカルセンター病院の警備スタッフとしてはたらいています。ある日いつものように警備センターにある監視カメラのモニターを見ていて、ちょっとした異常に気づきました。

「イヌがうつっていたのです。病院には動物を入れることが禁じられて

7 お見まいにきたイヌ

いるので、まよいこんだにちがいありません。すぐにスタッフといっしょにつかまえにいきました」

ロビーのエレベーターホールに行くと、ミニチュア・シュナウザーがすわっていました。サマンサさんが近づき、手をさしのべると、ぺろぺろなめはじめました。

その場でだっこして警備室につれていき、あらためて調べると、首輪にタグがついていました。かい主の名前と住所・電話番号も書かれています。自分もイヌをかっているサマンサさんは、かい主が心配しているだろうと思い、すぐに電話をかけました。

そしてこのイヌが、病院から20ブロックもはなれた場所にすんでいることがわかりました。

手術のために入院したナンシー

話を少し前にもどします。

デール・フランクさんは、おくさんのナンシーさん、そしてミニチュア・シュナウザーのバーニーとシシーといっしょに、シーダーラピッズに住んでいます。

2015年2月、体調をくずしたナンシーさんを病院につれていくと、卵巣がんと診断されました。手術で摘出すれば命が助かるというので、

マーシー・メディカルセンター病院で手術を受けることにしました。

すがたが見えなくなった愛犬シシーの行方

ナンシーさんが入院中のある日、デールさんはバーニーとシシーをさんぽにつれていきました。

そして家に帰ってきてしばらくたつと、シシーのすがたが見えなくなっていました。行方不明になってしまったのです。

「シシーは何日間かそわそわしていて、どこかへ行きたくて仕方がない様子でした。長い時間外に出て遊ぶこともなかったので、あの日はとりあえずさんぽにつれていくことにしたのです」

再会をよろこぶシシーとナンシー

マーシー・メディカルセンター病院のサマンサ・コンラッドという女性から電話がかかってきたのは翌日のことでした。

用件はナンシーさんの容体についてではありません。シシーが病院にいるというのです。

むすめのサラさんといっしょにむかえにいくと、シシーは警備室でおとなしくすわっていました。そして家に帰る前、特別に少しだけナンシ

7 お見まいにきたイヌ

ーさんに会うことをゆるされました。シシーのよろこびようは大変なものだったそうです。

そして一番おどろいたのは、何も知らなかったナンシーさんでした。

シュナウザーはとくに嗅覚がすぐれた犬種として知られていますが、シシーが行ったこともない病院に着くことができた理由はだれにもわかりません。大好きなナンシーさんがぶじであることをどうしても自分の目でたしかめたいという気持ちが、きせきを起こしたのではないでしょうか。

ヘビに立ち向かったネコのオレオ

2017年12月、とてもゆうかんなネコが世界中で話題になりました。アメリカのフロリダ州オーランドに住むピーターソン一家のかいネコが、大好きな人間の女の子をガラガラヘビから守ったのです。

ネコの名前はオレオ。白い部分と黒い部分のコントラストがきれいなおすのネコです。

話は、ひと月前にもどります。11月のある日、オレオは庭で遊ぶジェイデンちゃん（10歳）をいつものように見守っていました。

生まれたときからいっしょにいるので、大のなかよしです。

むちゅうで遊ぶジェイデンちゃんのすぐそばで、オレオがみょうな動きを見せました。少しはなれた場所に、ガラガラヘビがいたのです。

オレオは身をひるがえらせて走っていき、ジェイデンちゃんがにげる時間を作るため、ヘビに立ち向かいました。ヘビの前で、壁として立ちふさがったのです。

ジェイデンの必死の看病

オレオは、あしを一か所かまれ、すぐに動物病院に運ばれました。処置が行われる間、ジェイデンちゃんは、ずっとオレオにつきそっていました。

ジェイデンちゃんの看病のおかげで、オレオはみるみる元気になりました。

ジェイデンちゃんのおばあちゃん、シンディさんはこう語ります。

「ジェイデンにクリスマスプレゼントは何がほしいかたずねたら、〝オレオが元気になるようなもの〟と言っていました。ふたりは本当になかがよいのです」

泣ける実話

9 元殺処分犬のちょうせん

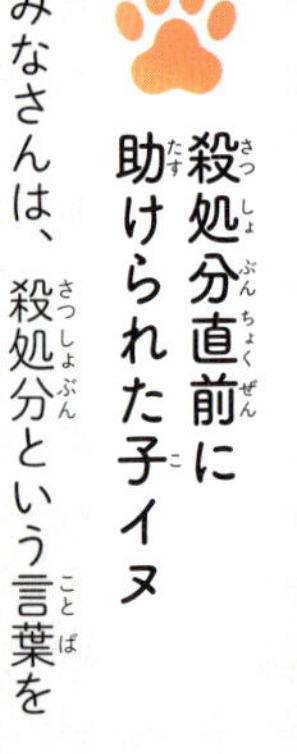

殺処分直前に助けられた子イヌ

みなさんは、殺処分という言葉を知っていますか？

のらイヌやのらネコ、そして何らかの理由で家族とくらせなくなったペットを専用のしせつに送り、安楽死させることです。たとえば日本では、2016年には1万匹以上のイヌが殺処分になりました。

こうした事実に心をいため、1匹でも多くの命をすくおうと努力している人たちがいます。そして、そういう気持ちにこたえようとするイヌたちがいるのです。

9 元殺処分犬のちょうせん

2010年11月。「ピースワンコ・ジャパン」という団体のスタッフが、広島県動物愛護センターをおとずれました。

たまたま出会った1匹の子イヌを引きとろうとだきあげたとき、その子イヌは死をかくごしたのか、ふるえながらおしっこをもらしました。

殺処分直前に助けられたこの子イヌには、「夢之丞」という名前がつけられました。ゆめと希望をたくされた子イヌにふさわしい名前だと思いませんか？

災害救助犬としてかつやくする夢之丞

夢之丞は、災害救助犬になるための訓練を始めました。おくびょうで人が苦手だった夢之丞は、周囲の人々の愛情を感じとったのか、だんだんなれ始めて、きびしい訓練をこなす日々の中でたくましく育っていきました。

そして3年後。夢之丞は2014年8月20日に発生した広島土砂災害の救助活動に参加するまでに成長していました。はじめての現場活動でしたが、行方不明者を発見するてがらを立てました。

その後は同じ年にフィリピンに、

2015年4月には大地震が起きたネパールに、同じ年の7月の台風13号では台湾に行きました。2016年4月の熊本地震のときもかつやくしました。

今の夢之丞は、どこから見てもたくましく、たよれる災害救助犬です。殺処分を待ちながらおびえ、ふるえておしっこをもらした子イヌのおもかげはどこにもありません。

愛ちゃんの運命をかえた出会い

2018年4月22日付の『山陽新聞』に、夢之丞と同じようなちょうせんをしている「愛ちゃん」という名前のシバイヌに関する記事が掲載されました。2016年11月、迷子犬として岡山県動物愛護センターに収容されたときは人間をこわがり、手を出すとかみつきました。こんな状態では飼育はむりと判断され、殺処分が決まっていたそうです。殺処分までのこりわずかとなった日、「しあわせの種たち」という動物愛護団体の理事長がセンターをおとずれ、はじめて愛ちゃんと会いました。

この出会いが愛ちゃんの運命を大きくかえたのです。理事長がセンターに毎日通った結果、愛ちゃんをゆずりうけることになりました。

愛ちゃんが警察犬を目指すことに

9 元殺処分犬のちょうせん

なったきっかけは、「しあわせの種たち」の支援者からよせられた、あるアイデアでした。

「愛情と訓練を受ければ、人に役立つ存在になる可能性をしめしたい」

2017年1月に始まった訓練は順調に進み、公園では遊んでいる子どもたちから「がんばれ！」と声援がよせられるようになりました。

2018年4月25日、愛ちゃんは嘱託警察犬の試験にちょうせんしました。ざんねんながら、結果は不合格でしたが、来年もちょうせんするそうです。愛ちゃんが合格し、現場でかつやくする日がくるのを心からいのります。

長すぎておぼえられない!?

泣けるなが〜い名前

名前が長すぎて、
なかなかおぼえてもらえない
生き物たち。

21文字　リュウグウノオトヒメノモトユイノキリハズシ

漢字で書くと「竜宮の乙姫の元結いの切り外し」。もっとも長い植物（海草）名ですが、たいていは「アマモ」とよばれます。

26文字　サウスイーストアジアンブラックストライプドティバック

東南アジアのサンゴ礁や岩礁の魚です。長すぎるのでふつうは「ブラウンバンデッドドティバック」とよばれますが、それでも長いです……。

25文字　カロリナダイヤモンドバックテラピンコンセントリック

アメリカ南部の気水域（海水と淡水の入りまじっているところ）にすんでいるカメです。

25文字　カノウモビックリミトキハニドビックリササキリモドキ

長い名前ですが標準和名は、スオウササキリモドキ。中国地方のブナ林などにすむバッタです。

20文字　リュウキュウジュウサンホシオオキノコムシ

漢字で書くと「琉球十三星大茸虫」。沖縄、奄美などにすみ、きのこを主食とする甲虫です。

Chapter 4

第4章

【 泣ける植物 】

のんびり生きているようで実は苦労している……そんな植物を紹介します。

植物のくらしも実は大変！

野山に行くと、緑の葉をしげらせた、うっそうたる森があります。時折ふくさわやかな風を受けて、葉がゆれ、とてもゆたかな時間が流れます。

動物の世界は、「食う・食われる」というきびしい世界だけど、植物の世界は平和でいいな、と思うかもしれません。でも、実際は動物の世界と同じで、きびしい生存競争があります。

秋になると、植物はたくさんの種子をまきちらしますが、種子は、まず地面のどこに落ちたかで、運命が

決まります。岩の上では根をはれません。目立つところに落ちれば、たちまち動物に食べられてしまいます。幸運にも芽や根を出しても、今度はべつの植物との競争があります。相手が先に大きくなれば、こちらが日かげになったり、土の中の養分をとられたりします。植物が生きぬくのは、意外に大変なのです。

植物も動物も、生きのこってたくさんの子孫をふやすことが、運命づけられています。少しでも効率がよいものが生きのこるので、少しずつかわっていくものもいます。このへんかを、「植物の知恵」とか「植物が工夫している」とか言う人がいますが、あくまでも自然がえらんでいることなのです。

今泉忠明

泣ける指数

ハエトリソウ

◆名前：ハエトリソウ（ハエジゴク）
◆分類：真正双子葉類ナデシコ目
◆原産地：北アメリカ
◆高さ（長さ）：15～20cm

葉を何度も動かすと、つかれてかれます。

北アメリカ原産の食虫植物で、ハエトリグサ、ハエジゴクともいいます。二枚貝のように開いた葉のふちには何本ものするどいとげがならんでいて、葉の内がわにハエやアリなどの昆虫がとまると0・5秒というはやさで葉をとじ、とらえます。とらえられた昆虫は、葉におしつぶされ、1、2週間で消化されてしまいます。

葉の内がわにはふつう3本の

とげ（感覚毛）があり、昆虫などがこのとげに2回ふれるか、2本のとげにふれるとすばやく葉がとじる仕組みになっています。ハエトリソウは光合成もできるので、昆虫などがとれなくても、かれることはありません。

そんなハエトリソウにも、実は弱点があります。それも、とげがならんでいる葉が弱点なのです。葉をすばやくとじるためには、ものすごくエネルギーを使います。そのため、葉の内がわのとげにふれ、何度も葉を開けしめさせると葉はつかれ、黒くなり、かれてしまいます。

泣ける指数

バンクシア

◆名前：バンクシア
◆分類：真正双子葉類ヤマモガシ目
◆分布：オーストラリア
◆花の大きさ：10㎝

山火事があっても、めげません。

早く火事が起こらないかしら

バンクシアは、オーストラリア原産の樹木です。ユーカリなどの木がまばらな、乾燥した地域に生えています。このようなところで植物にとっての大敵は火事。ユーカリの油が発火したり、木がこすれあわされたりして自然に火事が起こることがあるのです。

火事になればほとんどの植物は、もえてしまいます。ところが、バンクシアのいくつかの種類は、火事をきっかけに果実がはじけ、種子をまきます。そして、やけあとの何もないところに芽を出して成長するのです。

ふんまみれにならないと生きのこれません。

泣ける指数 💧💧💧

ヤドリギ

◆名前：ヤドリギ
◆分類：真正双子葉類ビャクダン目
◆分布：ヨーロッパ、アジア
◆高さ（長さ）：20～40cm

冬になり、ブナなどの木が葉を落とすと、丸い鳥の巣のようなものが見られることがあります。これがヤドリギという寄生植物です。春に花が咲き、秋から冬に実をつけます。

ヤドリギは、レンジャクなどの鳥に食べられますが、ねばねばの液体につつまれた種子は消化されません。鳥のふんとともに排出され、ねばねばのおかげで木にくっつくと、木の内部に根がのび、芽が出て成長を始めます。ヤドリギが寄生を始めるためには、種子がふんまみれにならなければならないのです。

泣ける指数

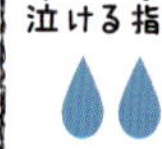

ラフレシア

うんちのにおいがします。

ラフレシアは、東南アジアに生育する世界最大の花として有名です。ラフレシアのなかまは約20種ほどありますが、なかでもラフレシア・アーノルディは花の直径が1m以上にもなります。花だけで根や茎はありません。

そのぶきみな色と形、大きさから「人食い花」と思われていたこともあります。また、受粉のためにハエをひきよせるにおいがうんちのにおいににていて、とてもくさいです。

ラフレシアは受粉から花が咲くまで8か月ほどもかかりますが、花が咲くと2日ほどでしおれてしまいます。

◆名前：ラフレシア・アーノルディ
◆分類：真正双子葉類キントラノオ目
◆分布：カリマンタン島
◆花の大きさ：90～100cm

お！うんちか!?

実はもうどくです。

泣ける指数

スズラン

◆名前：ドイツスズラン
◆分類：単子葉類キジカクシ目
◆原産地：ヨーロッパ
◆高さ（長さ）：20〜35cm

見た目に
だまされちゃダメよ

スズランは、名前の通り、すずにた小さな白い花を咲かせます。とても美しく、「谷間の姫百合」ともよばれます。花言葉は「純粋」や「やさしさ」など。フランスでは、5月1日に愛する人にスズランをおくる習慣があります。

しかし、実はもうどくの植物です。葉や根、茎などはもちろん、花や花粉、実などすべてにどくがあります。スズランを生けていた花びんの水を飲んだ子どもが死んだという事件もあります。スズランにさわったらしっかり手をあらいましょう。

泣ける指数 💧💧💧

キンギョソウ

かれるとどくろのようになります。

◆名前：キンギョソウ
◆分類：真正双子葉類シソ目
◆原産地：地中海沿岸
◆高さ（長さ）：20〜90cm

春に花だんや花屋の店先で見られる花です。花の形が金魚ににていることからこの名前がつきました。赤、ピンク、オレンジなど、様々な色の花があります。また、ビタミンCをふくむ「食べられる花」としても知られ、デザートやサラダの上にいろどりとしておかれることもよくあります。

ところが、そんなキンギョソウも、花がかれてそのままにしておくと、おそろしいことに……。どくろが出現します。種をおおっているさやの形が、どくろにそっくりなのです。

泣ける実話 10 14年後の再会

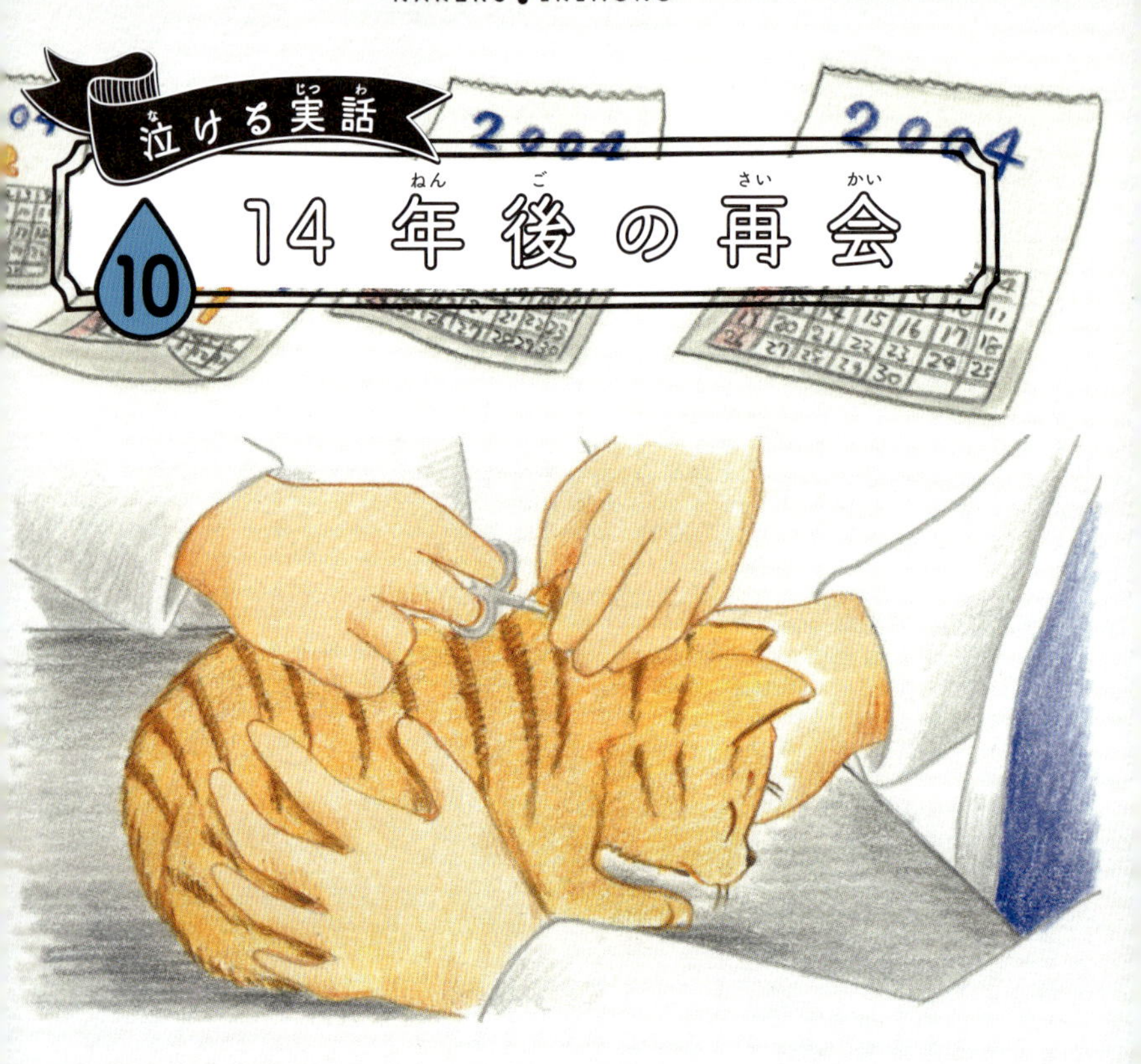

うめられたマイクロチップ

14年という年月は、ネコにとって人間の72年に相当するそうです。

これだけ長い時間はなればなれになっていたのに、かい主と再会できたネコがいます。

そのラッキーな茶トラのネコは、名前をトーマス・ジュニア（略してT2）といいます。アメリカ南部のフロリダ州のフォート・ピアースという町で、かい主のペリー・マーティンさんとくらしていました。

マーティンさんは地元の警察署で警察犬を取りあつかう仕事をしてい

ました。毎日の勤務で、のらイヌやのらネコと出会うことも多く、そのたびにマイクロチップの大切さを感じていたそうです。

かかりつけの獣医にたのんで、T2にマイクロチップをうめたのは2002年のことでした。今思えば、これが感動の再会ドラマの始まりだったのかもしれません。

ハリケーンとひなん生活

それから2年後の2004年。ハリケーンがフォート・ピアースをふくむトレジャーコースト一帯をおそい、マーティンさんはT2をつれ、少しはなれた町に住む友だちの家にひなんすることにしました。

ところが、その数日後、T2がいなくなってしまったのです。新しい環境になじめなかったのかもしれません。

「ありとあらゆるところをさがしました。近所の人たちも手つだってくれました。かなり長い間さがしましたが、見つかりませんでした」

マーティンさんはトレジャーコースト動物愛護協会に行き、まよいネコのそうさくねがいを出しました。しかし、いくら待っても、何の連絡もありません。

近くを通る高速道路を歩いていて、

ひかれてしまったのかもしれない。もうあきらめたほうがいいのかもしれない……。

とてもつらい決断です。マーティンさんは、T2との思い出を大切にして、生きていくことに決めました。

その後の2度の引っこし

その後マーティンさんは2度引っこしました。オハイオ州でしばらくくらした後、またフォート・ピアースにもどってきました。

一度はあきらめたとはいえ、マイクロチップの識別番号と最新の住所を連動させておくことはわすれませんでした。T2が見つかったらすぐに家に帰ってこられるようにしていたのです。

保護された茶トラののらネコ

2016年3月6日。フォート・ピアースから37㎞はなれたパームシティという町で、茶トラののらネコが保護されました。

衛生局の係の人には、肩甲骨のあたりにチップがうまっていることがすぐわかりました。そしてチップを調べ、ネコとかい主の名前、住所が明らかになったのです。

獣医に連絡をした動物愛護協会の

人は、こう語っています。
「かいネコが行方不明になることはそうめずらしいことではありません。でも、いなくなってから14年目にぶじに見つかったという話ははじめてです」

マーティンさんは、こう語ります。
「獣医さんから電話がかかってきて、T2が生きていたらどうしますか？とたずねられたときは心臓が止まるかと思いました。私は、T2をわすれたことはありません。T2も同じだったと思います。おたがいの気持ちがひとつになって、きせきが起きたのではないでしょうか」

泣ける実話 11

最後のおわかれ

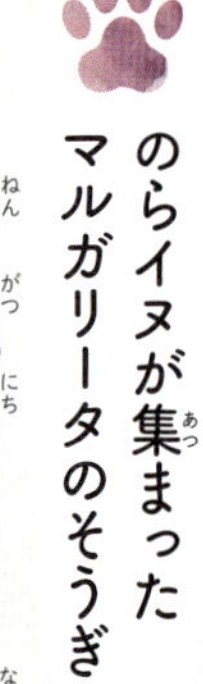

のらイヌが集まったマルガリータのそうぎ

2015年3月15日。メキシコ南部のモレロス州にあるクエルナバカという町のそうぎ社で、ふしぎな光景が展開されていました。

ふだんはまったく見ないのらイヌが、数多く集まっていたのです。この日は、マルガリータ・スアレスさんという女性のそうぎがとり行われることになっていました。

モレロスから1400㎞はなれたユカタン州のメリダという町に住んでいたマルガリータさんは生前、家の近くにいる多くののらイヌにえさをやっていたそうです。

マルガリータさんのむすめパトリシア・ウルティアさんは、集まったイヌたちを見て、そうぎ社のペットだと思いました。あまりにも多いので会社の人にたずねてみると、まったく見たことがないという意外な答えが返ってきました。

一晩中ひつぎを守るイヌたち

パトリシアさんはすぐに写真をとってフェイスブックにあげ、こんな文章をそえました。

「母は動物が大好きな人でした。おなかをすかせている動物を見ると、

11 最後のおわかれ

かならず食べ物をやっていました。自分が食べる前に、まず動物たちのことを考えていました。母のそうぎ会場に入ったとき、たくさんのイヌがゆかにすわっているのを見ました。そうぎが終わった後もどこにも行かず、一晩中動かずにいたのです。まるで、母のひつぎを守っているようでした」

そのすがたはそうぎに参列した人たちを感動させました。パトリシアさんはこう語ります。

「母をなくした悲しみに打ちひしがれそうになっていたわたしに、イヌたちはなんともいえないやさしいしせんを向けてくれました。その場に

いた人たちは全員、イヌたちのやさしい気持ちに心を打たれました」

パトリシアさんが写真を自分のフェイスブックにあげたところ、2週間で5000回以上シェアされ、19万以上の「いいね！」がよせられました。ふしぎなことはさらにつづきます。

まいそう前の最後のおわかれ

夜中の3時を回ったころ、参列者たちはつぎつぎに式場を去っていきました。しかしイヌたちは、ゆかにふせたまま動きません。そうぎ社の建物を出たのは、朝日がのぼってき

11 最後のおわかれ

たころです。

そして、パトリシアさんをはじめとする家族はもう一度おどろかされることになります。

「朝になると、イヌたちは外に出ていきました。でも、まいそうするためにひつぎを運びだす1時間前になると、ふたたび集まってきたのです。本当の意味で最後のおわかれを言いたかったのでしょう」

のらイヌたちとのふしぎなきずな

そうぎ社に集まっていたのは、マルガリータさんにえさをもらっていたイヌたちだったのでしょうか。最後のおわかれのため、1400㎞もの距離をいどうしてきたのでしょうか？　それとも、マルガリータさんのやさしさを本能で知ったイヌたちが、なかまの代わりに集まったのでしょうか。

真相はわかりません。ただ、マルガリータさんとイヌたちとの間に言葉では言いあらわせないきずながあったことはまちがいないでしょう。

たとえペットとしてかっていなくても、イヌたちと心を通わせあうことはできるのかもしれない。そう思わせるふしぎな出来事が、多くの人たちを感動させたのです。

まるでわるぐちのような
名前をつけられた生き物たち。

ハダカデバネズミ

泣ける名前のチャンピオン？　名前の通り、からだに毛がなくて前歯（門歯）が出ているネズミです。

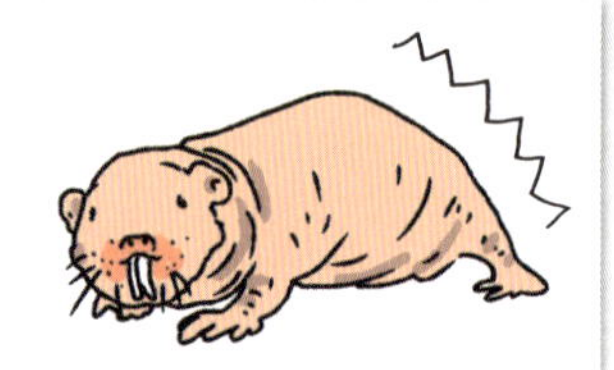

ナマケグマ

長いつめで木にぶらさがるすがたがナマケモノににていることから。

クサガメ

朝鮮半島や日本に生息するカメです。おしりの周りから、くさいにおいを出すのでこの名前に。

バカガイ

この貝をハマグリだとかんちがいした人がよろこんで食べることなどから。

ヘクソカズラ

おなら（へ）やうんち（くそ）のようにくさい植物です。かわいい花が咲くのですが……。

Chapter 5

第5章

【泣ける冒険記録】

動物学者たちが体当たりでいどんだ！

生き物冒険物語です。

動物学者の仕事とは？

動物学者は、みんながかならずしも動物が大好きなわけではありません。動物のことをふしぎだと思う好奇心、それを冷静に調べる科学的な気持ちが大切です。そして、調べていくうちに次々とぎもんがわいてくることが少なくありません。

動物のことはなかなかわかりませんから、おもしろがって調べているうちに、何年もすぎていることもあります。なかには一生調べつづける学者もいるのです。

動物学者にはあきらめない強い心と、何年も研究しつづけるしんぼう強さが大切だといわれます。わたしは、興味が深まると、あきらめようと思う気持ちはまったく生まれず、しんぼう強く、ひたすらコツコツやることに苦しさも感じません。ともかくなぞがなぞをうみ、好奇心がはてしなく広がっていくのです。

毎日苦労しつづけている動物学者がたくさんいて、その人たちのおかげでわれわれは動物の生態や行動を知ることができています。そのちしきは人間の生態や行動の起源につながります。人類はどうして生まれてきたのか、この先どうなるのだろうか、という究極の問題が横たわっているのです。

今泉忠明

泣ける冒険記録

FILE_01

ジェーン・グドール

◆出身国：イギリス
◆生年月日：1934年4月3日
◆主な功績：チンパンジーが道具を使うことを発見

動物が大好きな少女とチンパンジー

ジェーン・グドールは、チンパンジーについてたくさんのおどろくべき発見をした女性動物学者です。子どものころから動物が好きで、そのころ読んだ『ドリトル先生』などに感動し、大きくなったらアフリカに行き、野生動物たちと楽しくくらすことをゆめ見る少女でした。

知り合いの家で人類学の研究で有名なルイス・リーキーと出会ったことがその後の彼女の生活を一変させます。

動物の研究をするには、その動物に興味があること、するどい観察力があること、そしてねばり強く観察をつづけるしんぼう強さが何よりも必要です。グドールは動物についての専門的な勉強はしていませんでしたが、リーキーは、グドールにそうした力があることを見ぬいたのです。

グドールは、リーキーのすすめでチンパンジーの研究をすることになります。

1960年、26歳のときにグドールはア

フリカで研究を始めます。しかし、グドールが少し近づこうとしただけで、チンパンジーはにげていってしまいます。グドールは、はなれたところから双眼鏡で観察をつづけ、少しずつチンパンジーとの距離をちぢめていくことにしました。

すると、はじめはどれも同じに見えたチンパンジーの顔が、それぞれちがうことがわかり、名前をつけることにしました。そのおかげで、どの個体がどんな行動をしたのか、くべつして観察の結果をのこせるようになり、多くの発見をしました。

たとえば、あるチンパンジーがシロアリの塚にえだをさしこみ、そのえだにくっついてきたシロアリを食べているのを見たことから、チンパンジーが道具を使うことがわかりました。また、それまで草食だと思われていたチンパンジーがイボイノシシの肉を食べているのを見たことから、肉も食べる雑食性だということもわかりました。

すべて、動物が大好きなグドールだからこそできた大発見でした。しかし、そのためにほかの科学者以上のなやみ、悲しみも経験しなければなりませんでした。

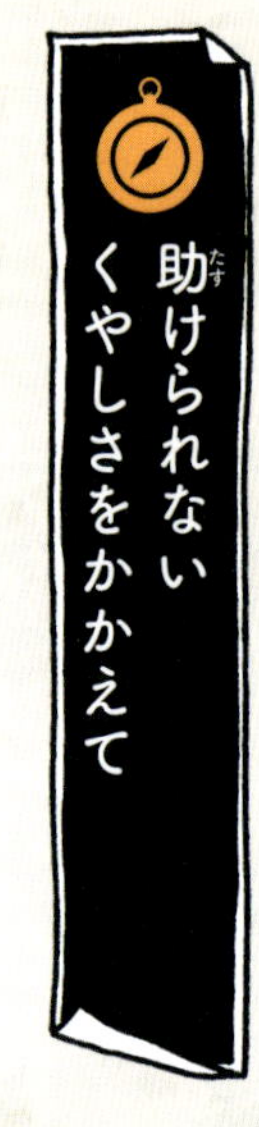

助けられない くやしさをかかえて

グドールがマリンと名づけた5歳のおすのチンパンジーがいました。母親をなくし、姉がマリンのめんどうをみていました。し

かし、姉はあるときからマリンをせなかに乗せなくなりました。すると、マリンはだんだんと弱り、毛はぼさぼさになり、他の子どもとも遊ばなくなりました。シロアリつりも上手くできません。行動もおかしくなり、自分の毛を引きぬくようになったため、手足にはほとんど毛がありませんでした。夕立の後、寒さにふるえているすがたが見られ、その直後にマリンは死にました。

ソレマというめすのチンパンジーは、1歳のとき母親をなくしました。兄がけんめいに育てていましたが、ある日、えさ場にやってきた兄がだいているソレマは、もう死んでいました。

ずっと観察していたグドールは、マリンもソレマも助けたい気持ちがありました。しかし、自然に手を出すことは、生態系をこわすおそれがあります。それを十分に理解しているグドールは、ただ観察をつづけるしかありませんでした。

こうして、チンパンジーに愛情を持ちながら、ねばり強く観察をつづけたグドールのおかげでチンパンジーの社会の仕組みが少しずつわかってきたのです。

その後、グドールは1990年京都賞や2017年コスモス国際賞などの日本の賞や、2003年にはフランクリン・メダルも受賞し、今も霊長類保護のためにかつやくしています。

泣ける
冒険記録

FILE_02

ダイアン・フォッシー

◆出身国：アメリカ
◆生年月日：1932年1月16日
◆主な功績：ゴリラのグループ内の階層についての発見

マウンテンゴリラの研究に生涯をささげた学者

ダイアン・フォッシーは、1932年にアメリカで生まれた動物科学者です。アフリカの地でゴリラ、とくにマウンテンゴリラの研究と保護を行った女性です。

フォッシーが最初にアフリカに渡ったのは1963年。ここで人類の起源などを化石から研究しているルイス・リーキーと出会い、大型類人猿の研究をすすめられます。いったん帰国し、準備を整えてふたたびアフリカにやってきたのは1966年。研究方法などを学んだ後、ルワンダの高地に研究センターを立ちあげます。


ゴリラは現在、レッドリストで絶滅寸前種に指定されています。ルワンダ地区でもゴリラの狩猟は禁止されていましたが、保護官の数が少なかったため、密猟者たちのやりたい放題でした。なかには、密猟者かららわいろを受けとり、密猟を見て見ないふりをするという者もいました。

ゴリラの気持ちを知るため、ゴリラが食

べた葉や草を自分も食べたといわれるほどゴリラを愛していたフォッシーには、とてもたえられないことでした。

フォッシーは、密猟者たちがしかけたわなをこわし、地域の観光化にも反対しました。「そこまでしなくても」と忠告する人もいましたが、そこまでしないとゴリラは守れないとフォッシーは考えていたのです。

1985年12月27日の明け方、フォッシーの小屋から大きなひめいが聞こえました。かけつけた人々がそこに見たのは、むざんにきりころされたフォッシーでした。犯人はだれなのか、事件から35年近くたった今もわかっていません。

泣ける冒険記録

FILE_03

エズモンド・ブラッドリー・マーティン

◆出身国：アメリカ
◆生年月日：1941年4月17日
◆主な功績：ゾウとサイの保護

ゾウとサイの密輸と絶滅危機

2018年2月、CNNやBBCといった海外のテレビや多くの新聞が、ひとりの人間が殺害された事件を大きく報じました。

その人の名は、エズモンド・ブラッドリー・マーティン。元国連大使で、象牙やサイの角の密輸を調査し、野生のゾウやサイを保護する活動で世界的にも有名な人物でした。そのマーティンがケニアの首都ナイロビ郊外の自宅で、首など数か所をさされてなくなっていたのです。

マーティンがなぜゾウとサイの密輸のてきはつにこだわったのかというと、密輸量が多く、しかも絶滅が心配される動物だったからです。ゾウもサイも、研究以外の取り引きは禁止されています。しかし、多くのゾウやサイが密猟のためころされているのです。

アフリカのサバンナに生息するアフリカゾウの数は60万〜70万頭と考えられていま

す。毎年約3万頭が密猟によりころされ、2025年には生息数は半分になってしまうといわれています。アジアゾウにいたっては4万～5万頭とアフリカゾウの10分の1しかいません。

密猟のおもな目的は象牙です。象牙は、様々な工芸品やじゅず、いんかんなどに加工され、売られています。

アフリカにすむサイには、クロサイとシロサイがいます。野生のクロサイは4000頭ほどしか生息しておらず、絶滅寸前です。シロサイはミナミシロサイこそ2万頭ほどいますが、キタシロサイはわずかに3頭。しかも、めすだけになってしまったため、もう絶滅するしかありません。

にもかかわらず、サイの密猟も後をたちません。サイの角が高く売れるからです。

密猟と市場のきけんな調査

こうした事態をなくすには、どうしたらいいのでしょうか。マーティンの考えは、はっきりしていました。

象牙やサイの角をほしい人がいるせいで、それを取り引きする市場があり、密猟があるのです。それをなくすためには密猟や市場を調べる必要があると考えました。

そこで調査のためマーティンは、きけんな地域へどんどん入っていきました。密猟

者に直に会うために密猟者のふりをしたり、密猟者をやとって案内してもらったこともありました。あまりにきけんすぎるので、「もう少しやり方をかえたほうがよい」と、忠告する友人が何人もいましたが、マーティンは、調査をやめませんでした。

象牙の密輸入が日本と中国に多いことを知るとすぐさま現地に調査に向かいました。

1993年には中国政府に強くはたらきかけ、サイの角の合法的取り引きを禁止させました。そして、2017年には象牙に関する取り引きの禁止に成功しました。

しかし、日本や中国での規制がきびしくなるとラオスやベトナム、ミャンマーなど東南アジアの国々がおもな市場になりました。マーティンは、これらの国々の調査にも出かけました。

そして、ミャンマーの調査から帰ったばかりの2018年2月4日、自宅でさされ、なくなりました。密猟者によるものともいわれていますが、犯人はまだつかまっていません。マーティンの死に関してケニアのボブ・ゴデックアメリカ大使は、

「アフリカの野生動物たちは大切な友だちをうしなったが、野生動物保護におけるエズモンド・マーティンの功績は、この先、何年ものこるだろう」と、語りました。

泣ける冒険記録

FILE_04

アルフレッド・ラッセル・ウォレス

◆出身国：イギリス
◆生年月日：1823年1月8日
◆主な功績：いち早く進化論をとなえた

アマゾンでの4年間の探検

チャールズ・ダーウィンは、進化論をとなえた学者として有名です。ダーウィンの『ビーグル号航海記』や『種の起源』という本を知っている人も多いでしょう。

では、アルフレッド・ウォレスは？　実は、ウォレスも進化論をとなえた人なのです。

アルフレッド・ラッセル・ウォレスは、1823年、イギリスのウェールズで生まれました。ダーウィンの家がお金持ちだったのとは対照的に、ウォレスの家はまずしく、14歳のときにはもうはたらきに出ていました。その後、測量士や大工、学校の先生など様々な職業を経験します。

このころ知り合ったのが、のちに「擬態」の研究で有名になるヘンリー・ベイツです。話しているうちにまだ未知の世界であったアマゾンを探検したいということになりました。

「行きたいけど、お金がないなぁ」

「大丈夫。向こうでつかまえた昆虫を標本にして売れば、お金になるさ」

細かい計画もなしでふたりの若者が南アメリカのブラジルへ出発したのは、1848年のことでした。ウォレスはアマゾンのネグロ川を中心に4年間探検をつづけ、多くの標本を集めました。イギリスにもどって売れば、数年間はくらせるお金になるはずの貴重な標本ばかりです。

ところが帰りの船が火事になってしまったのです。船はしずみ、苦労して集めた標本のすべてと研究ノートのほとんどはやけてしずんでしまいました。ウォレスは救命ボートのおかげで助かりましたが、助けてくれた船もあらしのためにしずみそうになるなど、アマゾン探検はさんざんな結果に終わりました。

ウォレスの論文とダーウィン

「もう二度と船旅なんかしない」

そう周囲に言っていたにもかかわらず、1854年になるとウォレスは今度は東南アジアの探検に出かけます。

この探検は6年にもおよびますが、いろいろな標本を集め、調査しているうちにウォレスは、あることに気づきました。

それは、「にている種は同じ種からへんかしてきたものなのではないのか」という

ことです。種は永久にかわらないという説がしんじられていた時代です。ウォレスはさらに研究をつづけ、できあがったのが、「変種がもとの種からかぎりなく遠ざかるけいこうについて」という1858年の論文です。

ウォレスから送られてきた論文を読んだダーウィンはおどろきました。

そこには、ネコのなかまなどはつめの出し入れができるものが多いが、えものをつかまえるのにそのほうがてきしているため、生きのこったのだ、などという考えが書かれていたからです。

これこそ長年ダーウィンが考えてきたことそのものでした。友人のすすめもあってダーウィンは学会で発表を行いました。ウォレスの論文に対し、ダーウィンのものは草稿の一部と手紙にしかすぎませんでした。それもあったのか、この大きな発表はほとんど話題にもされませんでした。

話題になったのは翌年、ダーウィンの『種の起源』が出版され社会的にも大問題になってからです。

いつしか進化論はダーウィンひとりの学説とされ、その名は歴史にのこりました。一方ウォレスは、いっぱん社会の人々にはその名をほとんど知られることなく、1913年になくなりました。

泣ける冒険記録

FILE_05

カール・パターソン・シュミット

◆出身国：アメリカ
◆生年月日：1890年6月19日
◆主な功績：どくの症状を記録

自分が死ぬまでをくわしく記録した男

アフリカにブームスラングというもうどくのヘビがいます。そのヘビにかまれると、どのような症状が出るのか、自分がかまれてから死ぬまでを、くわしく記録した学者がいます。

カール・パターソン・シュミットは、は虫類（とくにヘビ）の研究で有名な学者でした。シュミットのもとに動物園から「ヘビの名前を知りたい」といういらいがありました。長さ70cm～80cmで、ブームスラングににていましたが、はっきりしません。

1957年9月25日、もっとくわしくからだを調べようと持ちあげたとき、シュミットはそのヘビにかまれてしまいました。当時その解毒剤はアフリカにしかありませんでした。シュミットは、かまれた後の体調のへんかを記録しようと考えました。

9月25日午後5時ごろ
ひどく気分がわるい
9月25日午後6時ごろ
熱が高く、歯ぐきから出血がある

家に帰り少しねむりますが、午前0時ごろに血尿が出ます。明け方には気分がわるくなり、はいたとも。
9月26日午前6時30分
熱は少し下がったが、血尿はつづいている。口と鼻からの出血もつづいているがそれほどひどくはない
9月26日午後1時30分
食後はく。大量のあせをかく

これがシュミットの書いた最後の記録です。この日の午後にはもう会話もできない状態になっており、病院に運ばれましたがそこで死亡が確認されました。

泣ける冒険記録

FILE_06

ギデオン・マンテル

◆出身国：イギリス
◆生年月日：1790年2月3日
◆主な功績：イグアノドンを発見

恐竜の存在を知らしめた大きな歯の化石

ギデオン・マンテルは、1790年にイギリスで生まれました。医師でしたが、化石に興味があり、時間があると化石が出そうな場所に行っては、採掘していました。

そんなマンテルは、1820年ごろのある日、とても大きな歯の化石を発見します。今までに見たこともない化石なので多くの学者に見せましたが、かつて恐竜という巨大動物がいたとはだれも考えていない時代でした。博物学者のキュビエは、サイなどの大型ほ乳動物の歯であると断言しました。

1824年、博物館をおとずれたマンテルは、問題の化石はイグアナの歯ににているといわれました。くらべてみると、たしかににています。しかし、化石の歯は、現在のイグアナの歯の20倍も大きいのです。

マンテルが、大むかしにいた巨大動物「イグアノドン」について研究をまとめ、ロンドンの地質学会で発表したのは、1825年のことでした。とうとうマンテルの説が

みとめられ、人々は「恐竜」の存在を知ることになったのです。

しかし、それでお金が入ってくるわけではありません。マンテルは医者をつづけていましたが、びんぼうでちりょうのための薬も買えない状態でした。生活のために、せっかく集めた化石も博物館に売らなければならなくなりました。そんな生活がいやになった妻は出ていき、息子は外国へ行き、娘は病気でなくなります。マンテル自身も1841年、馬車の事故にあい動けない体になってしまいます。なくなったのは、1852年の10月。体のいたみをやわらげるために使っていたアヘンの中毒によるものだとも、自殺だともいわれています。

泣ける冒険記録

FILE_07

コンラート・ツアハリアス・ローレンツ

◆出身国：オーストリア
◆生年月日：1903年11月7日
◆主な功績：すりこみの発見

知る仕組みなどを研究したのが、コンラート・ツアハリアス・ローレンツという学者です。ローレンツはこの研究などにより、ノーベル賞を受賞しています。

ローレンツはオーストリアのウィーンで生まれました。父親がウィーン大学医学部の教授だったこともあり、医学部に進みますが、子どものころから動物好きだったため動物学の道へと進みます。このとき知り合ったのが、ニコ・ティンバーゲンで、意気投合したふたりは共同でガチョウの行動

あとをついてくる1羽のひな

カルガモの母親のあとを、ひながならんでついていくほのぼのとした映像が、テレビで放送されることがあります。ひなたちはかわいらしく、見ているだけで楽しくなりますが、ふしぎに思いませんか。ひなたちは、だれも教えてくれないのに、どうして先頭を歩く大きな鳥が、母親だとわかるのでしょうか？

たまごからかえったひなたちが、母親を

の研究などをします。

　ローレンツは研究のため、ガチョウに育てさせようとハイイロガンのたまごをふかさせていました。ふかしたひなたちは、当たり前のように、ガチョウを母親だと思ってそのあとをついて歩きます。

　ところがです。1羽のひながローレンツの目の前でふかしました。そして、そのひなはほかのひなとはちがい、ガチョウではなくローレンツのあとをよちよちとついてくるのです。

「どうしてあとをついてくるのだろう？」

「母親だと思っているのだろうか？」

「では、なぜ母親だと思ったのだろう？」

　様々な実験や観察をして、ローレンツは、ある結論にいたりました。

すりこみの発見とノーベル賞

たまごからふかしたばかりのひなは、自分の母親を知りません。そして、最初に見た動くものを母親だと思うのです。自然界では生まれて最初に見る動くものといえばふつう母親なので、この仕組みはひなが生きていくうえでとても役に立ちます。

人間もそうですが、ものをおぼえるのにはくり返しが必要です。しかし、ガンのひなは「これが母親だ」と一瞬で記憶するのです。このようなガンのひなたちの行動をローレンツは、一瞬の出来事が深く記憶されるものと考え「すりこみ（インプリンテ

ィング)」と名づけました。

1973年、ノーベル生理学・医学賞は、コンラート・ローレンツ、かつて共同研究もしたニコ・ティンバーゲン、そしてカール・フォン・フリッシュの3人にあたえられました。「動物行動学」という新しい学問の分野を発見し、発展させたというのがおもな授賞理由です。

ノーベル賞まで受賞したローレンツですが、もちろん失敗やまちがいをおかしたこともあります。

著書『ソロモンの指輪』で、どんな動物をかったらいいのかという問いにゴールデンハムスターをあげています。

理由は、見た目がかわいく、小さな飼育ケースでもかえ、仕草もかわいいというものでした。さらに、モルモットやウサギとくらべてあまりかみつくこともなく、家具をよじ登ったりもしないとも。

ところが、ローレンツが部屋の中に放していたハムスターは家具をよじ登り、たなの上においてあった大切な手紙をかみちぎって巣を作ってしまったのです。

ローレンツは、本のあとがきにこう書いています。

「わたしは、ゴールデンハムスターをふたたび飼育ケースの中でかうことにした」

泣ける冒険記録

FILE_08

ハンス・ションブルグ

◆出身国：ドイツ
◆生年月日：1880年
◆主な功績：コビトカバの発見・

アフリカの森につたわる黒いあくまの伝説

「森の中に黒いあくまがいる」

アフリカ、リベリアの原地に住む人々の間にそんな伝説がありました。1903年、イギリスの東アフリカライフル隊の隊長のマイナーツァーゲンは、そのあくまの正体をたしかめようと森のおく深くへと入っていきました。そして、あくまの正体を確認しました。それは、今ではモリイノシシといわれている動物だったのです。

しかし、よく調べてみると森には「センゲ」と「ニグヴェ」という2つのあくまがいるということがわかりました。どうやら、「センゲ」がモリイノシシを指しているようでした。では、「ニグヴェ」は？

そのニグヴェこそコビトカバだと考えた人物がいました。動物コレクターのハンス・ションブルグです。

実は、1800年の中ごろから、リベリアの森にはヤギくらいの大きさの小型のカバがいるという話がありました。1843年には小型のカバの頭骨らしきものが見つ

かり「コビトカバ」と名づけられましたが、多くの学者は絶滅したカバの変種と考え、新種とはみとめませんでした。しかし、ションブルグは、「ニグヴェこそコビトカバにちがいない」と考えました。

ションブルグは探検隊を組んでリベリアに向かいました。ところが、現地でニグヴェのことをたずねると、

「ここ何年も見ていない」

「もう絶滅したと思う」

そんな答えばかりが返ってきます。それでもションブルグはあきらめずに、何日も何日も、森の中をさがし歩きました。そして、ある日、

「だんな、あれ……」

ガイドが指さす先に、草木にかくれてよ

くは見えませんが、まさにヤギくらいの大きさの黒いものが動いているのです。そのとき、となりの男がじゅうをかまえました。

「待て！うつな！」

目的はコビトカバを生きたままとらえることにあります。ションブルグは思わずさけびました。しかし、その声におどろいたのか、黒いものはものすごいいきおいでにげだしました。ションブルグは息を切らして追いかけましたが、黒いものは森の中へと消えてしまいました。

その後も調査はつづけましたが、コビトカバらしきものを一度も見ることなく、ションブルグは力なく帰国しました。

「コビトカバは本当にいたんだ！」

「この目ではっきり見たんだ！」

ションブルグは知り合いや学者に報告しましたが、だれもしんじてくれません。

「まあ、口だけなら何とでも言えるし」

「証拠がないとなあ」

「カバのなかまが森にいるわけがない」

なかにはションブルグのことを、うそつきだという人もいました。反論したいのですが、証拠がないためそれもできません。

「たしかに見たのに、だれもしんじてくれない……」


そのくやしさから、ションブルグは1912年、ふたたびリベリアに向かいました。前回調査したところはもちろん、カバのこのみそうな湿気のある場所をしらみつぶしに調査しました。ところが、コビトカバの足あとすら見つけられませんでした。

そうして1913年、3度目の調査でションブルグは、はじめてコビトカバの生けどりに成功します。カバより小型でずんぐりしており、森のしめったところにすむ原始的なカバのなかまでした。コビトカバをヨーロッパに持ちかえり、ようやくコビトカバの存在が、学者たちにみとめられたのでした。

人間の活動に泣かされている生き物たちがいます。人間が快適にくらすために行っていることが、生き物にわるい影響をもたらすことがあります。

プラスチックごみを飲みこんで苦しんでいます。

海には大量のプラスチックごみがすてられています。それをクジラが飲みこむと、からだから出すことができません。胃がプラスチックでいっぱいになり、餓死することがあります。

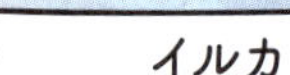

潜水艦の音波で方向がわからなくなります。

潜水艦は、音波を使ってまわりのようすをさぐりながら海中を進みます。この超低周波の音波が、イルカの方向感覚をうしなわせたり、頭の中をきずつけたりします。その結果、イルカの行動がおかしくなり、浜に大量にうちあげられたりすることがあります。

こんなに大きな影響があるんだね……。

未来のために考えよう❶

渡り鳥

風力発電機にぶつかることがあります。

鳥は近くではやく動くものが見えにくいため、風力発電機に気がつかず、ぶつかってしまうことがあります。年間に1200羽がぶつかっているというデータがあります。

スマトラオランウータン

すんでいるところがうばわれました。

東南アジアのスマトラ島では、パーム油を生産するため、森を切りひらいて農地を作っています。このため、オランウータンのすみかがうしなわれ、絶滅の危機にあります。

気温が上がる「地球温暖化」。主な原因は人間の活動とされています。地球規模で起こっているため、生き物たちへの影響もしんこくです。

ホッキョクグマ

海氷がとけて、かりができません。

ホッキョクグマは海氷の上でかりをします。しかし夏に海氷がとけるところがふえ、かりができず、弱ったり、子育てができなくなったりしています。

トラ

すんでいる林がしずむかもしれません。

バングラデシュのマングローブ林に、絶滅が心配されているトラがいます。ところが海面が上昇し、マングローブ林が少しずつしずんでいます。

未来のために考えよう❷

アオウミガメ

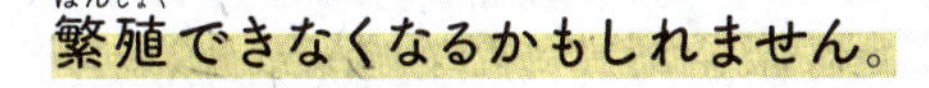

繁殖できなくなるかもしれません。

アオウミガメのたまごは、産卵場所の浜辺の温度が高いとめす、ひくいとおすが生まれます。温暖化が進めば、めすがおすよりもふえ、繁殖できなくなるおそれがあります。

コアラ

のどがからからです。

コアラはユーカリの葉から水分をとります。しかしオーストラリアでは干ばつがつづき、ユーカリがかれ、弱って死ぬコアラがふえています。

自分の生活を見直して、できるところから始めてみよう!

【さくいん】

この本に登場したいきものを、
なかま（類）ごとに50音順で紹介します。

鳥類

は虫類・両生類

魚類

昆虫類（こんちゅうるい）

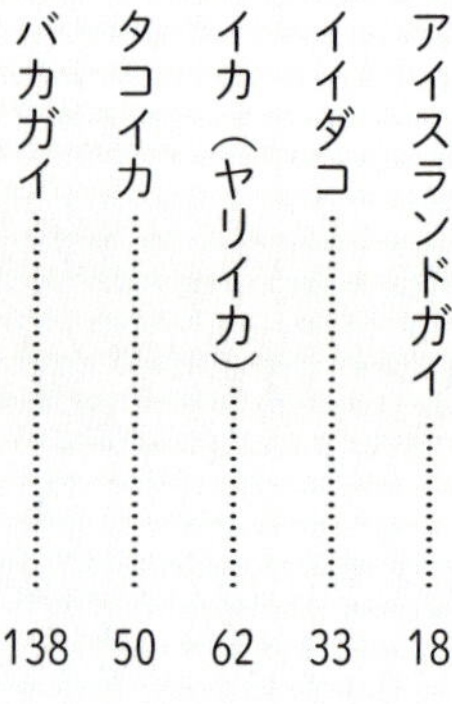

軟体動物（なんたいどうぶつ）

植物（しょくぶつ）

その他のいきもの

▸ 監　修　　動物科学研究所所長　今泉忠明
▸ イラスト　　内山大助、堀江篤史、堀口順一朗、宮尾和孝、石川ともこ
▸ 執　筆　　こざきゆう、田口精男、宇佐和通
▸ 編集協力　　アニマルボイス社
▸ 装丁・デザイン　　齋藤友希（トリスケッチ部）
▸ ＤＴＰ　　株式会社ジーディーシー
▸ 校　正　　フライス・バーン、鈴木進吾

ほろっと泣けるいきもの図鑑

2018年10月23日　第1刷発行

▸ 発行人　　黒田隆暁
▸ 編集人　　芳賀靖彦
▸ 編集　　石塚麻衣

▸ 発行所　　株式会社学研プラス
〒141-8415 東京都品川区西五反田 2-11-8
▸ 印刷所　　図書印刷株式会社

▸ この本に関する各種お問い合わせ先
- 本の内容については TEL 03-6431-1280（編集部直通）
- 在庫については TEL 03-6431-1197（販売部直通）
- 不良品（落丁、乱丁）については TEL 0570-000577
学研業務センター　〒354-0045 埼玉県入間郡三芳町上富 279-1
- 上記以外のお問い合わせは TEL 03-6431-1002（学研お客様センター）

NDC480 176P 187mm × 128mm